犬病诊治实用手册

主编：徐汉坤　吴德华

编著：徐汉坤　吴德华　贺星亮

张汇东　李玫毅　王　辛

海峡出版发行集团 THE STRAITS PUBLISHING & DISTRIBUTING GROUP | 福建科学技术出版社 FUJIAN SCIENCE & TECHNOLOGY PUBLISHING HOUSE

图书在版编目（CIP）数据

犬病诊治实用手册/徐汉坤，吴德华主编. —福州：福建科学技术出版社，2013.11（2024.2 重印）

ISBN 978-7-5335-4390-7

Ⅰ.①犬… Ⅱ.①徐…②吴… Ⅲ.①犬病－诊疗－手册 Ⅳ.①S858.292-62

中国版本图书馆 CIP 数据核字(2013)第 234742 号

书　　名　**犬病诊治实用手册**
主　　编　徐汉坤　吴德华
出版发行　海峡出版发行集团
　　　　　　福建科学技术出版社
社　　址　福州市东水路 76 号（邮编 350001）
网　　址　www.fjstp.com
经　　销　福建新华发行（集团）有限责任公司
印　　刷　福州德安彩色印刷有限公司
开　　本　889 毫米×1194 毫米　1/32
印　　张　8.875
插　　页　16
字　　数　217 千字
版　　次　2013 年 11 月第 1 版
印　　次　2024 年 2 月第 9 次印刷
书　　号　ISBN 978-7-5335-4390-7
定　　价　25.00 元

前言

无论是工作犬，还是宠物犬、伴侣犬，在饲养过程中，经常会发生各种各样的疾病，往往造成很大的损失。因此，犬的疾病防治问题必须得到重视。

本书介绍了 180 多种犬病的诊断要点、治疗方法及预防措施。为使读者更快捷地对疾病作出诊断，同时采取恰当的治疗方法，在编写时，作者没有对疾病做过多的理论阐述，而是注重实际可操作性，直接说明疾病的诊断要点及防治方法。在介绍各种疾病的诊治方法之前，先介绍了常用的临床诊断及治疗技术，以及日常卫生及防疫措施。在编写过程中，作者注意吸收一些国内外的最新研究成果，以使诊治的手段与方法更具先进性、实用性。

作者希望本书能成为临床兽医及养犬、训犬爱好者常用的一本工具书、参考书。限于作者的技术水平和编写水平，书中不足之处难免，希望广大读者赐教指正。

作者

目 录

一、基本诊断技术

（一）犬保定法

1. 徒手保定法

（1）做法：由犬的主人一手拉住脖圈，固定犬的头部；另一手捏住犬嘴。

（2）注意事项：主要适用于仔幼犬及性情温驯的成年犬。对大型犬及凶猛的小型犬、中型犬均不宜采用这种保定方法。

2. 绷带保定法

绷带保定法操作简便，保定效果好，是临床上最常采用的保定方法之一。

（1）做法：取一长度适宜（视犬体大小而异）的压缩绷带或者细绳，在中间打一活结圈套，套至犬的鼻梁和下颌中部，在下颌处将圈套扣紧，再将两末端绕过耳后，然后收紧打一活结即可（图 1-1）。

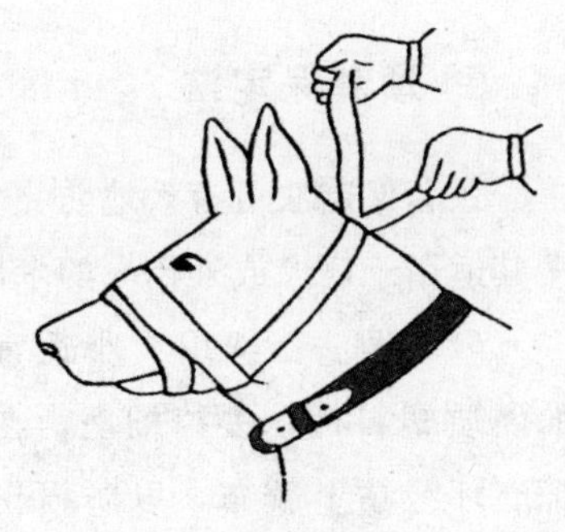

图 1-1　绷带保定

（2）注意事项：短嘴犬种不宜采用此法。对短嘴犬种可用绳子横穿口腔，抵于下颌犬齿后方，两绳端绕过下颌底部打一结，再拉向上颌背侧扣紧。

3. 口笼保定法

图 1-2　口笼保定

（1）做法：选择合适的口笼，套住口鼻部，将口笼套扣置于合适位置，在耳后部将其带子系牢（图 1-2）。

（2）注意事项：主要用于成年犬，尤其是经口笼适应性训练的种用犬。

4. 颈钳保定法

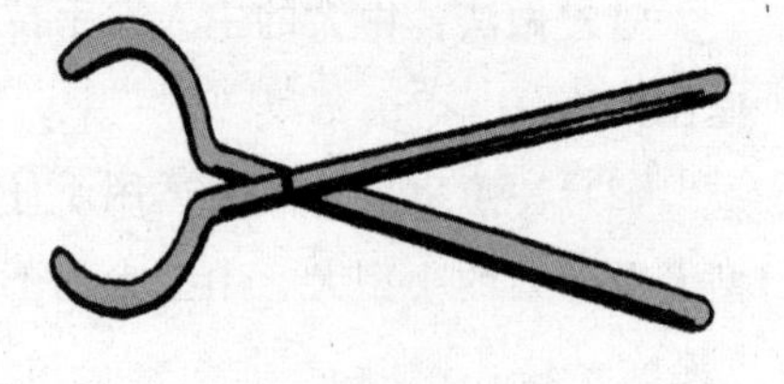

图 1-3　颈钳

（1）做法：两手握住钳柄（图 1-3），张开钳嘴，夹住犬的颈部，限制犬头活动。

（2）注意事项：适用于保定凶猛野蛮的犬及捕捉狂犬。这也是捕捉犬时最常用的保定方法之一。

5. 颈套保定法

颈套保定法可有效地防止犬抓挠头部和舔舐肢体的其他部位，尤其适用于病犬或外伤犬的术后保定。

图 1-4　颈套保定

（1）做法：选用大小适宜的硬质塑料桶，去掉桶底，在桶底环缘贴上胶布，以防损伤犬皮肤。当颈套套于颈部时，其桶口边缘应超出鼻唇 2～3 厘米（图 1-4）。在桶底周边钻 4 个孔，每个孔内各穿一条带子。保定时将桶套套在犬的头上，拉紧带子，将带子固定于犬的脖圈上，以防滑动。

（2）注意事项：不适用于性情暴躁和后肢瘫痪的犬。

6. 棍套保定法

棍套保定法适用于捕捉凶猛犬及狂犬病犬。若要进行临床检查，这种方法保定效果不佳。

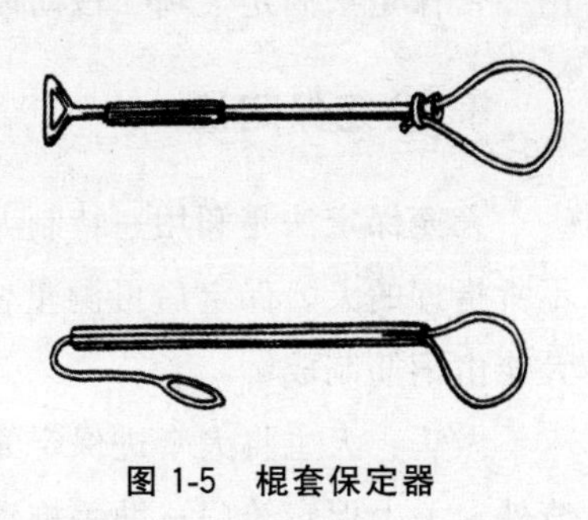

图 1-5　棍套保定器

（1）做法：取一根 1 米长的铁管和一条 4 米长的绳子，将绳子对折穿入管内，从管的前端引出绳套，后端露出两根绳头（图 1-5）。保定时，将绳套从头部套至颈部，然后拉紧后端两根绳头，固定于铁管后端的把柄上，这样保定者可与犬保持一定的距离而免遭咬伤。

（2）注意事项：绳端必须拉紧，以免发生意外。

7. 站立保定法

站立保定法是临床检查及肌内注射、皮下注射时常用的保定方法。

（1）做法：左手先抓住脖圈，右手用牵引带在犬嘴上绕 2 周，将牵引带两端一并拉于颈部（或对犬实行绷带保定法），并用右手连同脖圈一同抓住。术者半蹲，左手托住犬的腹部，令犬站立。

（2）注意事项：事先将犬嘴系住，以防在保定或检查治疗中咬人。

8. 侧卧保定法

侧卧保定法是检查犬腹部及四肢常用的保定方法。

（1）做法：助手将犬侧卧于手术台或诊断床上，主人站立于犬的背侧，以两手抓住侧卧下的犬腿，身体靠近犬背侧，并以两前臂将犬的肩部和臀部压在手术台上或诊断床上。

（2）注意事项：手臂靠着点应为犬的肩部及臀部。保定前最好用绷带保定法固定犬嘴，以防咬人。

9. 犬笼保定法

犬笼保定法是利用一特制犬笼保定犬。本保定法适用于凶猛而不听指挥的犬。保定后可测量体温、听诊、施行注射及采血术等。犬笼由钢筋制成。

做法：犬主将犬牵进保定笼内，并将牵引带由钢筋间隙中拉出笼外，关上保定笼门；助手推动笼侧活动栏栅，将犬压于笼一侧。

（二）一般检查方法

通过一般检查可了解病犬的情况，并可发现某些重要症状，对系统检查及辅助检查或特殊检查，具有启发意义。一般检查的内容包括外貌检查，被毛及皮肤检查，可视黏膜检查，体温、呼吸、脉搏的测定等。

1. 外貌检查

外貌检查主要是了解病犬的外部情况，着重观察犬的精神状态、营养状况、发育及体格、姿势与步态等。

（1）精神状态：健康犬表现灵活，反应迅速，眼光明亮，见到主人表现十分亲热。病犬精神异常时，可表现为抑制和兴奋。精神抑制时，主要表现为无精打采，眼半闭，行为迟缓，不听呼唤，耷耳呆立，对周围反应淡漠而迟钝，重则昏迷、嗜睡。精神兴奋时，轻者惊恐不安，重则不顾障碍地冲撞、转圈、狂吠，甚至癫痫样发作或攻击人、畜。

（2）营养状况：判断犬的营养状况，主要根据肌肉、皮下脂肪及被毛光泽等情况。在临床上，一般把营养状况分为良好、中等和不良三种。营养状况好的犬，肌肉丰满，骨骼棱角不显露，被毛平顺，皮肤富有弹性。而营养不良犬则机体消瘦、骨骼明显外露，肋骨可数，被毛粗乱无光，皮肤弹性低。营养中等的犬介于上述两者之间。

（3）发育及体格：健康犬发育良好，躯体发育与年龄、品种相称，肌肉结实，体格健壮。如果躯体矮小，躯体发育和年龄、品种不相称，或头、颈、躯干及四肢各部比例不当，则为发育不良。

（4）姿势与步态：健康犬姿势自然，动作灵活而且协调，有人接近时立即起立，反应敏捷，迅速，步态轻盈。病犬表现姿势与步态异常时，则站立姿势不自然或站立不稳、不能站立或共济失调、盲目运动等。

2. 被毛及皮肤检查

被毛及皮肤的状态是犬健康与否的标志之一。皮肤检查包括皮肤的温度、湿度、弹性、气味、颜色、肿胀及皮肤上的病变情况。被毛检查主要观察其光泽、长度及密度等。健康犬鼻端凉而湿润，皮肤柔软弹性好；表面无痂皮、溃疡、丘疹、水疱、肿瘤、皮屑等。被毛的长短及疏密与其品种相一致，无脱毛。

3. 可视黏膜检查

可视黏膜包括眼结膜、鼻黏膜、口腔黏膜、外阴部及阴道黏膜等。临床主要检查眼结膜，必要时可检查其他黏膜。检查时主要观察其色泽变化，有无肿胀、溃疡和分泌物及其性状。健康犬的眼结膜呈粉红色。观察眼结膜的颜色应进行对照比较，并且应在自然光线下观察。临床上常见的眼结膜的病理变化有眼睑肿胀，有炎性分泌物，结膜苍白、黄染、潮红、发绀等。此外，在检查眼结膜的同时还应注意眼球、角膜的情况及瞳孔的状态。

4. 体温测定

体温测定是犬病诊疗中最常用的检查项目，很多疾病都伴随着体温的变化。犬的体温通常测直肠体温（图 1-6）。测温时，应将体温表甩动，使水银柱降至 35℃以下，用酒精棉球擦拭消毒，并涂以润滑剂后再使用。测温时应对犬进行适当保定，以防意外。体温计插入肛门3～5 分钟后即可取出读数。若采用电子体温计则只需 10 秒即可。成年犬的正常体温为 37.5～38.5℃，仔幼犬的正常体温为 38.5～39.0℃。被检犬兴奋、运动、紧张时，体温呈暂时性轻度升高，而患直肠炎、频繁下痢或肛门松弛的病犬，体温往往偏低。

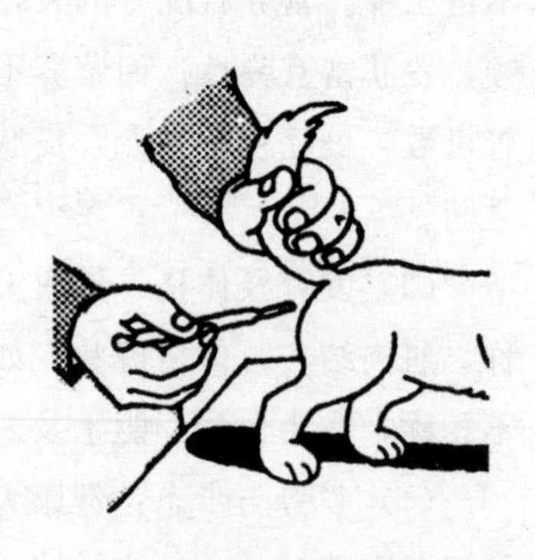

图 1-6　体温测定

体温测定时，应上午、下午各检查一次，将结果记下，并绘制成体温曲线。根据体温曲线判断热型。对诊断疾病意义较大的热型有稽留热、弛张热、间歇热、回归热、短暂热等。

5. 脉搏检查

临床上通常在后肢股内侧的股动脉处检查脉搏（图 1-7）。检查脉搏应注意脉性和节律。正常犬的脉搏数为每分钟 70～120 次。一般仔幼犬脉搏数比成年犬多。在检查过

图 1-7　脉搏检查

程中，如搏动微弱，用手感觉不到，可听取心音频率来记数。

某些外界条件及生理因素均可引起脉搏次数的改变，如过热或剧烈运动、恐惧、兴奋等，都可使脉搏发生暂时性增多。

6. 呼吸数测定

检查犬的呼吸数应在安静时进行。其方法是观察犬的胸腹部动作，一起一伏为一次呼吸；冬季也可观察呼出的气流，呼出一次气流为一次呼吸。一般计算 1 分钟的呼吸数。健康犬的呼吸数为每分钟 10～30 次。在炎热的夏季，或运动、兴奋时，犬呼吸数自然增多。幼犬比成年犬呼吸数多，怀孕犬呼吸数也常增加。

一般来说，在许多疾病中，体温、脉搏、呼吸数的变化大体是平行关系，即：体温升高时，脉搏数及呼吸数也相应随之增加；而当体温下降时，脉搏数和呼吸数也相应地减少。若两者平行上升，则表示病情加重；两者逐渐平行下降，表示病情趋向好转。

若高热骤退，而脉搏、呼吸数反而上升，则反映心脏功能或中枢神经系统的调节可能衰竭，预后不良。

（三）系统检查方法

经一般检查后，常依病情及解剖顺序做系统检查。通过初步的系统检查，疾病性质可以得到全面的了解，也为复诊时详细检查提供依据。

1. 消化系统检查

在外界条件不良，特别是饲养管理不当的情况下，犬的消化功能会受到影响，导致采食、消化、吸收及排泄等发生障碍，并在体内形成有毒物质，引起全身症状。此外，其他系统的疾病，也都不同程度地影响消化功能，有时甚至并发消化器官疾病。所以消化系统的检查，在临床上极为重要。

消化系统的临床检查，主要应用视诊、触诊和听诊的方法。根据临床需要，还可进行X线检查、内腔镜检查、超声波检查及胃肠内容物、粪便及肝功能等实验室检查。

（1）食欲和饮水的观察：主要通过视诊进行检查。犬的食欲及渴欲，由于不能直接了解其主观的饥饿感，故只能在饲养条件不改变的情况下，通过观察犬对食物及饮水的欲望和采食量来判断。影响犬食欲的因素很多，如食物的种类及质量、胃的空虚与饱满、温度的变化、精神状态的改变等。临床上常根据采食的数量、采食的速度、采食时间的长短来综合判定。常见的病理性饮食变化有：食欲减退、食欲废绝、食欲不定、食欲亢进、异嗜、饮欲亢进、饮欲减退等。同时，在检查中还应特别注意采食方式及呕吐情况。

（2）口腔、咽和食道的检查：常用的检查方法是视诊及触诊。口腔检查主要注意唇、颊、舌、牙、咽的状态，观察有无流涎、唇撕裂、唇溃疡，有无口腔臭味，有无舌苔，口黏膜颜色如何，有无溃疡等，同时还应以手感知口腔温度及湿度、牙齿有无松动、齿龈有无溃疡等。咽及食道的检查主要使用触诊法，触诊咽部及食道外部，以了解是否肿胀。

（3）腹部检查：最常用的方法是视诊、触诊、听诊。如有必要，可进行腹腔穿刺检查。

腹部视诊主要观察腹围大小及有无局限性肿胀。病理性异常有腹围膨大、腹围缩小及局限性膨大。应注意，妊娠犬腹部膨大是一种正常的生理现象。

腹部触诊主要是判明腹壁疼痛反应、紧张度及可触知的腹部脏器状态。其方法是：检查人站在被检犬的后方，以双手拇指置于腰部做支点，其余四指直置于腹壁两侧，缓缓用力压迫，直至两手指端互相接触为止；由前向后逐步移动，使内脏滑过各指指端。一般情况下，刚开始触压时腹壁紧张，触压一会儿即逐渐弛缓。腹部触诊是确定胃肠异物、肠套叠的有效方法。

腹部听诊主要是了解胃肠的运动功能和肠内容物性状。健康犬的肠蠕动音，每 2 分钟 2～3 次。病理性的肠音主要有肠音减弱、肠音增强、肠音消失、肠音不整及金属性肠音。

肝脏触诊，从右侧最后肋骨后方，向前内方触压可感知肝脏。正常情况下肝区触压不敏感，无压痛，而犬患肝病时则有压痛。诊断肝脏有无疾病，除应用触诊方法外，还应进行肝功能检查和超声波探查，甚至进行肝脏穿刺。

直肠检查主要适用于病犬有排粪障碍、有里急后重症状时。常用的方法是直肠指检或直肠镜、X线钡剂造影。在直肠检查时，还应注意肛门周围有无肛瘘、肛门裂及肛门囊肿。

（4）粪便性状观察：犬自采食开始到将粪便排出体外，需16～20 小时。每日排粪便量为 400～500 克。健康犬的粪便呈圆柱形，褐色。在发生各种消化系统或与消化系统有关的疾病时，粪便的数量、硬度、颜色、气味及排粪动作都会发生不同程度的变化。常见的病理性变化有便秘、腹泻、里急后重、粪量剧增、灰白粪、黑粪、散发腐败臭味，有时在粪便中混有黏液、伪膜、脓汁、血液、寄生虫等。

2. 呼吸系统检查

呼吸系统的检查包括呼吸运动，上呼吸道、胸部及胸腔穿刺液的检查等。检查方法主要有视诊、触诊、叩诊及听诊。X线检查在胸部疾病的诊断上较为适用。

呼吸运动检查主要包括呼吸数、呼吸式、呼吸节律和呼吸难易程度的检查。犬在呼吸过程中，胸廓、腹壁等出现有节律的动作。犬正常吸气与呼气时间上的比为 1∶1.64。影响呼吸节律的因素很多。在正常情况下，犬的兴奋、运动、恐惧、尖叫、狂吠、嗅闻均可发生暂时性呼吸节律变化，但无病理意义。呼吸节律的病理变化主要有呼气延长、吸气延长、潮式呼吸、间断性呼吸、深长呼吸等。呼吸道疾病及血液性疾病是引起呼吸节律改变的主要原因。犬在发生某些疾病时，呼吸次数、呼吸节律、呼吸方式发生不同程度的改变，称为呼吸困难。临床上通常有3种表现形式：吸气性呼吸困难、呼气性呼吸困难及混合性呼吸困难。

上呼吸道检查主要包括鼻液、鼻腔、咳嗽、喉、气管、呼出气体等检查。正常情况下，犬鼻镜湿润，鼻腔无任何分泌物，呼吸气体无异常臭味。常见的病理性改变是鼻镜干燥，鼻腔内流出水样、脓样甚至血样分泌物，咳嗽，呼出气体有臭味等。

胸部检查所采用的方式是听诊。犬的肺部听诊区为：前界是自肩胛骨后，并沿其后缘所引之线，上止于第6肋间下部；上界为自肩胛骨后角所划之水平线，距背中线2～3指宽；后界自第12肋骨与上界之交点开始，向下、向前经髋结节线与第11肋间之交点、坐骨结节线与第10肋间之交点、肩关节线与第8肋间之交点而达到第6肋间之下部，与前界相交。听诊时，先从胸壁中部开始，然后听上部和下部，均由前向后依次进行，每个部位听2～3次呼吸音后，再变换位置，直至听完全肺。正常肺泡呼吸音及支气管呼吸音均类似“呼”的声音。在整个肺部都可听到强而高朗的肺泡音，支气管呼吸音则在肺前部较为明显。常见的病理性呼吸音有干性啰音、湿性啰音及捻发音。听诊时还应注意有无胸膜摩擦音。

胸腔穿刺液检查是判明胸腔积液性质的有效手段。正常情况下胸腔无积液。胸腔穿刺液在病理状态下可分为渗出液、漏出液、血液、脓液等。渗出液为胸膜发生炎症所致；漏出液则为非炎性，是胸水之征；血液为胸腔内出血；脓汁则见于化脓性炎症时。

3. 循环系统检查

循环系统的活动和全身功能有密切关系。循环系统检查不仅可以诊断本系统的疾病，而且对了解全身功能状态、判定预后都有着重要意义。主要是心脏和脉搏的检查，必要时还要进行心电图、血液常规及生化检查。临床上采用的检查方法主要为听诊及触诊。

心脏检查主要包括心搏动检查及心脏听诊。犬心搏动最强点，左侧位于第 5 肋间，右侧位于第 4～5 肋间。检查时将手掌置于心区进行触诊，感知心搏动力量的强弱及心区的敏感性。心搏动的病理性异常主要有心搏动减弱、心搏动增强、心搏动移位及心区压痛等。心脏听诊的目的是在于听取心脏正常及病理的音响，在心脏疾病的诊断中占有重要的地位。听诊用听诊器进行。健康犬的第一心音洪亮冗长，第二心音尖短而高，心跳节律一般不规则，常在两次扑动中漏掉一次。心音听诊的最佳听取点：二尖瓣口音（第一心音）在左侧第 5 肋间，胸廓下 1/3 的中央水平线上；三尖瓣口音（第一心音）在右侧第 4 肋间，肋软骨固着部上方。主动脉口音（第二心音）在左侧第 4 肋间，肩关节水平线之下；肺动脉口音（第二心音）在左侧第 3 肋间，靠胸骨的边缘处。心音的病理性改变包括心音的频率、强度、性质和节律的变化等。常见的病理性心音有心音增强、心音减弱、心音分裂、心音混浊、心脏杂音、心律失常等。心脏的听诊与触诊是诊断犬心脏病最基本的手段，进一步确诊尚需进行血压测定、心电图检查、中心静脉压测定及血液学检查等。

4. 泌尿生殖系统检查

泌尿生殖系统的检查包括排尿状态的检查、泌尿器官的检查、外生殖器的检查及尿液的检查等。一般采用视诊和触诊。

排尿状态检查包括排尿动作、排尿次数和排尿量、排尿障碍的检查。正常情况下，母犬排尿采取蹲坐姿势，公犬排尿则采取提举一侧后肢。排尿次数并不一定，有时可连续排尿多次。健康成年犬一天的排尿量为 0.5～2.0 升，仔幼犬为 40～200 毫升。排尿状态的病理性异常包括排尿障碍、多尿、少尿、尿闭、尿淋漓、尿失禁、排尿疼痛等。

泌尿器官的检查包括肾脏、输尿管、膀胱和尿道的检查。肾脏检查主要是通过体表进行腹部深部触诊。触诊时，将两手的拇指放在站立着的犬腰部，其余手指由两侧肋骨弓后方，由下向上滑过腹壁，直至腰椎横突的下方，可以触知肾脏，主要触摸其大小，感知其敏感性。膀胱检查时，犬取仰卧姿势，检查者以手轻轻压迫位于耻骨联合前方的膀胱，主要触摸其体积，感知其敏感性。此外，尚可用膀胱镜进行检查。母犬尿道的检查用阴道开张器，公犬的尿道常用触诊法及尿道探诊法进行检查。尿道检查时，主要注意有无炎症、结石、狭窄及损伤等。

外生殖器检查主要用视诊及触诊法。临床上常观察公犬的阴部、阴茎，母犬的阴道、外阴。检查时应注意其硬度、大小、温度及敏感性。

尿液检查包括感观检查及化学检查。正常犬的尿液颜色因所食食物的不同而有所不同，一般为淡黄色。尿色的病理变化有血尿、胆红素尿、乳白尿等。此外，还应注意观察尿液的透明度、黏稠度、气味、比重等。尿液的化学检查包括酸碱度检查、蛋白质检查、尿糖检查、尿胆红素检查、尿酮体检查等。为查明病变部位及性质，还可进行尿液有机沉渣及无机沉渣的检查。

5. 神经系统检查

神经系统在犬机体的统一协调上居于主导地位。在机体发生疾病时，神经系统对于疾病的发生和发展，具有保护性抑制作用。因此，神经系统检查不仅对于神经系统本身的疾病诊断有重要意义，而且对于其他系统的组织器官疾病诊断，也有十分重要的意义。神经系统的检查包括视诊、触诊、姿势反应的检查、脊髓反射的检查、脑神经检查及感觉反应的检查等。

(1) 视诊：诊治病犬时，在问诊的同时，应让病犬在诊疗室内运动，观察其精神状况、姿势及运动情况。精神状态主要通过犬对周围环境或对人的刺激反应来判定。临床上常见的精神状态异常有兴奋、沉郁、昏睡、昏迷、行为异常等。健康犬的体态协调，运动灵活，肌肉紧张性适度，反应敏捷。病犬常表现的姿势异常有头部倾斜，脊柱前凸、后凸或侧凸，四肢站立姿势不自然，向外张开、内收或被动性定位等。常见的步态异常包括感觉异常、偏瘫、转圈、共济失调、步幅异常或辨距不良。犬在休息或运动过程中常见的异常运动有震颤、肌阵挛及猝倒症等。

（2）触诊：在进行神经系统临床检查时，须仔细触诊体表感知体表疤痕、创伤及体表温度的改变，触摸骨骼系统，以发现硬块、外形改变、异常活动及捻发音。检查中应仔细触摸肌肉的紧张度。检查的顺序应依头、颈、躯干、四肢而定。

（3）姿势反应检查：姿势反应为维持患犬正常站立的复杂反应。若犬的重心发生位置性改变，则机体本身会经由脊髓反射来作相应的调整，以防止摔倒。姿势反应检查主要包括自体感受性的姿势反应检查、单轴推动反应的检查、跳跃反射的检查、伸姿态跳跃反射的检查、半侧站立及半侧步行反应的检查、位置反射的检查、颈部伸张反射的检查等。

（4）脊髓反射检查：脊髓反射检查的目的在于检查反射弧中的感觉部分、运动部分的完整性及下行性运动神经径路与反射的关系。临床上常会出现 3 种异常，即：反射丧失、减退、加强。检查时，患犬侧卧。在站姿时已检查过的肌肉张力须再检查一遍。首先检查后肢，触诊后肢来决定肌肉的紧张性，尤其是伸肌，在足垫处加以压力使趾伸出，可促进伸肌跳跃反射。其次检查肌肉伸张反射。常规上只要检查膝盖跳跃反射即可，但在判定上仍须以前胫肌及腓肠肌反射作为诊断的参考。屈肢反射的检查时以针轻刺足趾而使犬行走。环肛反射是肛门括约肌受触摸或针刺所引起的，同时也可见尾巴屈曲。前肢的最可信肌肉反射是伸肌受刺激所引起的腕部伸张。

（四）实验室常规检查技术

1. 血细胞计数

（1）红细胞计数：红细胞计数方法有自动血球计数仪法和试管法两种。以下主要介绍试管法。

①器材及稀释液：器材有改良式血细胞计数板（常用的是改良纽巴计算板）、血盖片（专用于计数板的盖玻片，呈长方形）、沙利吸血管、试管、显微镜等。稀释液有两种，可任选1种。一种是0.9％氯化钠溶液；另一种是升汞食盐溶液：氯化钠1克、结晶硫酸钠5克、氯化高汞0.5克，蒸馏水加至200毫升。

②方法：用5毫升刻度吸管吸取红细胞稀释液4毫升，置于试管中。用沙利吸血管及一次性定量吸血管吸取血液至20毫米刻度处，擦去吸管外壁多余的血液，将此血液吹入试管底部，再吸吹数次，以洗净吸血管内黏附的血液，然后试管口加盖，颠倒混合数次。用毛细吸管吸取已稀释好的血液，置于计数板与血盖片边缘处，即可将液体自然引流入计数室内。静置3分钟后，即可计数。计数时，先用低倍镜，光线不要太强，找到计数室的格子后，把中央的大方格置于视野之中，然后转用高倍镜。在此中央大方格内选择四角与中间的5个中方格，或用对角线的方法计数5个中方格。每一中方格有16个小方格，所以总共计数80个小方格。计数时注意要将压在左边双线上的红细胞计数在内，压在右边双线上的不要计入；同样，压在上线的计入，下线的不计入，此即所谓“数左不数右，数上不数下”的计数法则。数得的红细胞总数即为每立方毫米体积血液中红细胞的个数，单位为万/毫米^3。

③注意事项：红细胞计数是一项细致的工作，稍有粗心大意，就会引起计数不准。避免计数不准的关键是防凝、防溶、取样

准确。

稀释液充入计数室的量不可过多或过少；过多可使血盖片浮起，造成计数结果偏高；过少则在计数室中形成小的空气泡，使计数结果偏低，甚至无法计数。

显微镜台应保持水平，否则计数室内的液体流向一侧，导致计数不准。计数时如将压在右线与下线的红细胞均计数在内，则影响计数准确性。

如用红细胞专用稀释管来稀释，可吸血至刻度 0.5 处，再吸稀释液至刻度 101 处（此即为 200 倍稀释）。

大批检验时，如有条件，可用自动血细胞计数仪进行计数，用法详见自动血细胞计数仪使用说明书。

沙利吸血管或专用的红细胞稀释管，每次用后先用清水吸吹数次，然后在蒸馏水、酒精、乙醚中依次序分别吸吹数次，干后备下次用。血细胞计数板用蒸馏水冲洗后，用绸布轻轻擦干即可，切不可用粗布擦拭。

（2）白细胞计数：白细胞计数方法有自动血球计数仪法及试管法两种。以下主要介绍试管法。

①器材及稀释液：器材有血细胞计数板、沙利吸血管、0.5 或 1 毫升吸管、小试管、显微镜等。白细胞稀释液为 0.5%～5%的冰醋酸溶液，通常用 3%浓度，内加数滴结晶紫或美蓝染液，使其呈淡紫色，以便与红细胞稀释液相区别。

②方法：于小试管内加入白细胞稀释液 0.4 毫升。用沙利吸血管吸取血液至 20 刻度处，擦去管外黏附的血液，吹入试管中，反复吸吹数次，以洗净管内黏附的血液，充分振荡混合。用毛细吸管吸取被稀释的血液，沿计数板与盖玻片的边缘充入计数室内，静置 1～2 分钟后，用低倍镜观察。将计数室四角 4 个大方格内的全部白细胞依次数完，注意将压在左线和上线的白细胞计算在内，压在右线和下线者不计算在内。数得的总数乘以 50 即为每立方毫米体

积血液中的白细胞个数，单位为个/毫米^3。

③注意事项：计数是否准确，与操作是否规范关系很大，因此应严格按照红细胞计数的规范程序进行操作。

白细胞计数应与白细胞分类计数的结果联系起来进行分析。白细胞总数稍有增多，而分类无大的变化者，不应认为是病理现象。

（3）血小板计数：

①器材及稀释液：器材与白细胞计数（试管法）相同。血小板计数所用的稀释液种类很多，最常用的是李兹-爱格稀释液：煌焦油蓝 0.05 克、枸橼酸钠 3.8 克、40％甲醛溶液 0.2 毫升，蒸馏水加至 100 毫升。待上述试剂完全溶解后，过滤，置冰箱可保存 1～2 周，在 22～32℃条件下可保存 10 天左右。当稀释液变质时，溶解红细胞的能力就会降低。

②方法：吸稀释液 0.4 毫升置于小试管中。用沙利吸血管吸取末梢血液或用加有抗凝剂的新鲜静脉血液至 20 刻度处，擦去管外黏附的血液，插入试管，吹吸数次，轻轻振摇，充分混匀，静置 20 分钟以上，使红细胞溶解。充分混匀后，用毛细吸管吸取 1 小滴，充入计数室内，静置 10 分钟，用高倍镜观察。任选计数室的 1 个大方格，按前述计数法则计数。在高倍镜下，血小板呈椭圆形、圆形或不规则的折光小体，注意切勿将尘埃等异物计入。数得的总数乘以 200 即为每立方毫米体积血液中的血小板个数，单位为个/毫米^3。

③注意事项：器材必须清洁，稀释液必须新鲜无沉淀，否则影响计数结果。

采血要迅速，以防血小板离体后破裂、聚集，造成误差。

滴入计数室前要充分振荡，使红细胞充分溶解，但不能过久或过于剧烈，以免血小板遭破坏。

滴入计数室后，应静置一段时间。在夏季，应注意保持湿度，即将计数板放在铺有湿滤纸的培养皿内，在计数板下垫上火柴棒，避免直接接触培养皿。

由于血小板体积小、质量较轻，不易下沉，常不在同一焦距的平面上，因此在计数时，要利用显微镜的细调来调节焦距，才能看清楚。

2. 血细胞的染色及形态学检查

血细胞的染色及形态学检查在许多疾病的诊断中具有重要意义。

(1) 血液涂片的制作：

①玻片的处理及选择：玻片的清洁干燥，对制作血片极为重要。新购的载玻片与盖玻片应先用肥皂水洗涤干净，然后放在95%乙醇或无水乙醇与乙醚等量混合液中保存。每次使用时要擦干。涂抹血片用的玻片要选择0.3～0.7毫米厚、边缘平整光滑的载玻片，并在一端距侧面约5毫米处锉一刻纹，以用作推玻片标志。

②血液样品的采集：原则上用新鲜血，也可用抗凝血。注意加入的抗凝剂不要过量。

③涂片：在载玻片一端滴一滴血，或用推玻片的一端沾少许血液斜立于载玻片上始端，让血液扩散后，立即推动推玻片而制成薄血膜。用新鲜血液时，动作要迅速。推玻片的角度以30°～45°为宜，血液稀薄时，角度要大。推玻片的速度和力量要均匀。

④血片的干燥与固定：血液涂片后，可在室温下自然干燥，或在酒精灯焰的远上方加温，以加速干燥。为了防止血片的血膜脱离，常用甲醇固定2～3分钟，干燥后即可染色。

(2) 血片的染色：

①瑞氏染色法：在已经干燥的血片上滴满瑞氏染色液，30～60秒后加等量的蒸馏水，染色3分钟，弃去染色液，用蒸馏水冲洗(2～3分钟)，干燥后镜检。

②姬姆萨染色法：将血片置于装有染色液的染色缸中或滴加3

毫升稀释染液于标本上，染色 20～40 分钟。夏天因气温高，染色时间可短些；冬天气温低，染色时间要延长些。然后用蒸馏水冲洗，干燥后镜检。

③瑞氏与姬姆萨复合染色法：单纯用姬姆萨染色液，对细胞核染色较好，而瑞氏染色液对胞浆染色好。故此，先用瑞氏染色液染半分钟，再用姬姆萨染色液染 10 分钟，所染血片较采用单一染色法要好。

④新甲基蓝染色法：取 0.5％新甲基蓝生理盐水溶液和被检新鲜血液各 1 滴，混合后，加上盖玻片，立即在显微镜下观察。也可将染液滴在盖玻片上，将其覆盖在未染色的血片上，立即进行检查。

（3）血液涂片标本的观察内容：

①红细胞：注意观察红细胞的分布状态、颜色、大小、形态，有无再生像、包涵体或原虫寄生及与红细胞数的相关性。

②白细胞：注意观察白细胞的形态变化、分布，有无其他种类细胞及包涵体，计算各种白细胞的比例。

③血小板：注意观察血小板的形态及相对数。

④其他：注意观察有无异常细胞及寄生虫等。

3. 血液中常见寄生虫检查

取抗凝血，按血细胞形态学检验方法涂片，以姬姆萨染色法染色，然后用显微镜观察。

（1）低倍镜观察：若有犬心丝虫蚴虫存在时，在血浆中可观察到。犬心丝虫蚴虫特征为：头部钝圆，尾部直而尖，身体部位呈长圆形。生存在血浆中。

（2）油镜观察：若有锥虫、梨形虫存在时，可以在血浆中观察到锥虫，在红细胞中观察到梨形虫。

锥虫虫体呈纺锤形或柳叶状，两端窄，前端较尖，后端稍钝，虫体中央有一个较大的近于圆形的细胞核。鞭毛沿体一侧向前延伸，伸出前端体外，成为游离鞭毛。

梨形虫又称血孢子虫，生存在红细胞内。经姬姆萨染色法染色后，虫体原生质呈浅蓝色，边缘着色较浓，中央较浅，呈空泡状无色区。染色质呈暗红色，呈 1～2 个团块状，位于梨形或杆形虫体的粗端，也有的位于细端或中央区边缘部分。虫体常同时有梨形、杆形、阿米巴形等各种不同形态。

4. 粪便中寄生虫卵检查

粪便中寄生虫卵的检查方法主要有直接涂片检查法和集卵法。

（1）直接涂片检查法：直接涂片检查法是检查粪中寄生虫卵时采用的最简便的方法，但因检查时被检查的粪便数量少，故检出率也较低。当体内寄生虫数量不多而粪便中虫卵少时，有时查不出虫卵。

直接涂片检查的方法是：

①在载玻片上滴一些甘油与水的等量混合液。

②用牙签或火柴棍挑取少量粪便加入其中，混匀，夹去较大的或过多的粪渣，最后使玻片上留有一层均匀的粪液，其浓度的要求是：将此玻片放于报纸上，能通过粪便液膜模糊地辨认玻片下报纸上的字迹，此时浓度合适。

③在粪膜上覆以盖玻片，置显微镜下检查。

④检查时应按顺序查遍盖玻片下的所有部分。常见虫卵及其他物体的形态可参考图 1-8 和图 1-9。

（2）集卵检查法：集卵检查法是利用各种方法将分散在粪便中的虫卵集中起来，再行检查，以提高检出率。

犬病临床中，较常用的集卵法有沉淀集卵法和饱和盐水漂浮集卵法。

①沉淀集卵法：取粪便 5 克，加清水 100 毫升以上，搅匀成粪

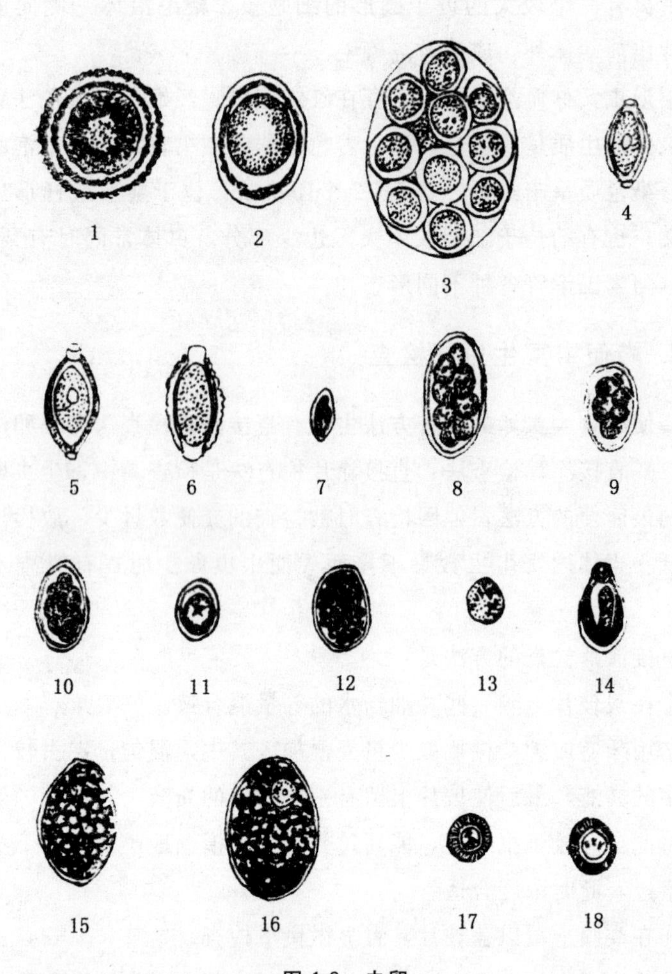

图 1-8　虫卵

1. 犬弓蛔虫卵　2. 犬狮弓蛔虫卵　3. 犬复孔绦虫卵　4. 毛细线虫卵　5. 毛首线虫卵　6. 肾膨结线虫卵　7. 食管线虫卵　8. 犬钩口线虫卵　9. 巴西钩口线虫卵　10. 美洲板口线虫卵　11. 犬胃线虫卵　12. 裂头绦虫卵　13. 中线绦虫卵　14. 华支睾吸虫卵　15. 并殖吸虫卵　16. 抱茎棘球绦虫卵　17. 细粒棘球绦虫卵　18. 泡状带绦虫卵

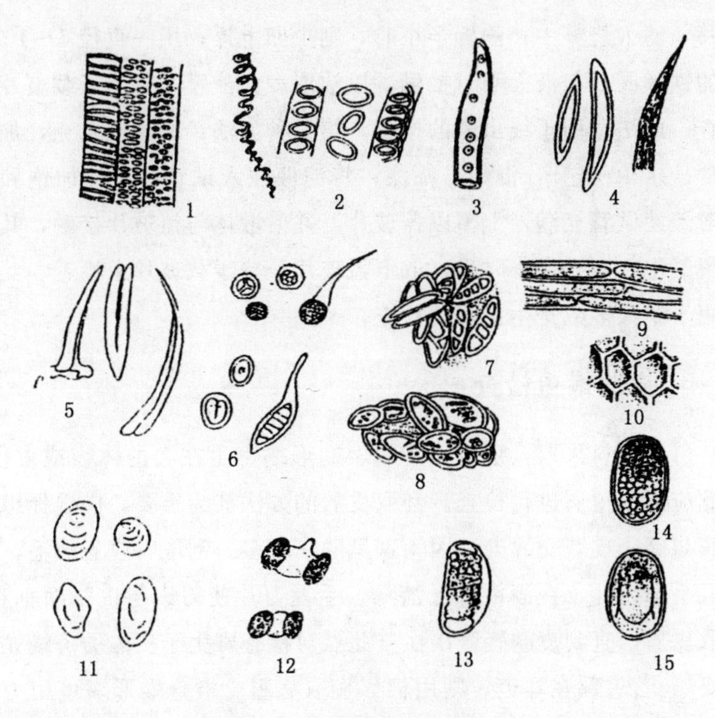

图 1-9 粪便内常见的物体

1～10. 植物的细胞和孢子（1. 植物的导管：梯状、网纹、孔纹 2. 螺纹和环纹 3. 管胞 4. 植物纤维 5. 小麦的颖毛 6. 真菌的孢子 7. 谷壳的一些部分 8. 稻米胚孔 9、10. 植物的薄皮细胞） 11. 淀粉粒 12. 花粉粒 13. 植物线虫的一种虫卵 14. 螨的卵（未发育的卵） 15. 螨的卵（已发育的卵）

液，通过 40～60 目（孔径 250～300 微米）筛过滤，滤液收集于三角烧瓶或烧杯中；静置沉淀 20～40 分钟，倒去上层液，保留沉渣，再加水混匀，再沉淀；重复第 2 步骤操作，直到上层液体透明后，吸取沉渣检查。此法特别适用于检查吸虫卵。

②饱和盐水漂浮集卵法：有两种方法。第一种方法：取粪便 10 克，加饱和食盐水 100 毫升，混合通过 60 目（孔径 250 微米）

铜筛，滤入烧杯中；静置半小时，则虫卵上浮；用一直径5～10毫米的铁丝圈，与液面平行接触，以沾取表面液膜，抖落于载玻片上检查。此法适用于线虫卵的检查。第二种方法：取粪便1克，加饱和食盐水10毫升，混匀，筛滤；将滤液注入试管中，补加饱和盐水溶液使试管充满，上覆以盖玻片，并使液体与盖玻片接触，其间不留气泡；直立半小时后，取下盖玻片，覆于载玻片上检查。此法适用于绝大多数寄生虫卵的检查。

5. 皮肤螨虫检查

（1）病料采取：疥螨、痒螨、蠕形螨寄生在犬的体表或皮内，因此应刮取皮屑进行检查。刮取皮屑的方法甚为重要，应选择患病皮肤与健康皮肤交界处，因为这里的螨较多。刮取时应先剪毛，然后取手术刀片，在酒精灯上消毒，手握刀片使刀刃与皮肤面垂直，刮取皮屑，直到皮肤轻微出血（此点对检查寄生于皮内的疥螨尤为重要）。若患部在耳道，则用棉棒掏取病料。检查蠕形螨可用力挤压病变部，挤出脓液，将脓液摊于载玻片上供镜检。

（2）显微镜检查：

①直接检查法：将刮下的皮屑，放于载玻片上，加1滴液状石蜡或50%甘油水溶液于病料上，加盖玻片，用低倍镜观察虫体。

②虫体浓集法：为了在较多的病料中检出较少的虫体，提高检出率，可采用浓集法。操作方法：将较多的病料置于试管中，加入10%氢氧化钠溶液浸泡，并在酒精灯上煮2分钟，使皮屑溶解，虫体自皮屑中分离出来；以2000转/分钟的转速离心5分钟，使虫体沉于管底；弃上清液，吸取沉渣镜检。

（五）解剖技术

在兽医工作中，尸体剖检是常用的一种诊断方法，也是正确诊断疾病的一个重要手段。通过尸体剖检，将所出现的特征性病理变化，结合病史、临床症状和流行病学的特点进行分析，一般能做出疾病的初步诊断。

1. 剖检方法

尸体剖检工作应在犬死后越早进行越好，因为尸体久放会引起腐败发酵，影响疾病的诊断。

尸体取背卧位，固定的方法是将腹侧连在股部的皮肤切离，两边股骨向外压使关节脱位，同样使肩关节脱位，这样尸体就可平放在剖检台上。在尸体未剥皮前，一定要做详细的外部检查，如犬的营养状况，可视黏膜、被毛或皮肤的变化等，因为这对判定发病及死亡原因有重要意义。剥皮从下颌角开始，沿颌间正中线，经过气管，胸骨与腹壁的白线，切割到脐和乳房；公犬经生殖器把切线分为左右两条，绕过这些器官切线又合并为一，一直切到肛门外，绕过肛门，直到尾部的第 4 尾椎处切断；四肢切线与正中线呈直角进行剥皮。由于犬肠管较短，在实际工作中，往往由舌至肛门，将胸腹腔器官全部一次取出。也可以分段取出后进行检查，其步骤如下：

①腹腔的剖开和视检。正常小肠位置在腹腔中部和后部的1/3。横膈与第 7 肋骨呈水平。

②胸腔和颈部器官的剖开与视检。

③颈部和胸部器官一同取出与视检。

④腹腔和骨盆器官的取出与视检。其方法是将网膜自胃大弯、胰及结肠切离。脾从网膜内取出，然后将小肠、大肠和肠系膜一同取出。在S状弯曲处结扎，切断十二指肠。在直肠处结扎切断，分离结肠的肠系膜。切断空肠与肠系膜根的联系。胃和十二指肠、肝和胰一同取出，最后取出肾和骨盆腔器官。

2. 实验室病理材料的采取方法

犬病临床工作者在进行犬尸体剖检时，往往对临床症状和肉眼病变不明显的病例，不能做出正确诊断，必须将病理材料送实验室作进一步的检验，因此犬病临床工作者必须正确掌握采取病理标本的技术和方法，否则会影响诊断的结果，延误疾病的防治。

（1）微生物检验材料的采取方法：采取的组织材料必须越新鲜越好，在犬刚死后立即采取，尽量避免外界环境的污染。先用2%甲酚皂溶液消毒尸体表面，再剖开体腔，用无菌操作法采取所需要的材料，放在预先消毒好的容器内，在冷藏条件下保存。如怀疑是病毒性疾病，将材料放入50%甘油生理盐水中保存。如需做血清学检验，则应在犬颈静脉无菌采血15～20毫升，注入消毒、干燥过的试管内，待血液凝固、血清分离后，取出血清。

（2）中毒材料的采取方法：对怀疑有中毒可能的犬，首先要找到患病犬近几日采食的饲料进行检验。如有可能，在冷藏条件下保存整个尸体。一般采取肝和胃肠道等脏器的大块组织。此外，还要收集大量血液及较多的胃肠内容物及尿液等分泌物做毒物检验，但必须注意采集的材料要放入清洁的玻璃容器或塑料袋内，切勿水洗或接触金属物品。

（3）病理材料的采取方法：为了详细查明原因，做出正确诊断，在剖检的同时必须采取病理材料进一步做组织病理学检查，方法是：用锋利的双面保险刀片，切取1.5厘米×1.5厘米×0.5厘米大小的正常组织与病灶交界处组织2～3块。切取的组织应包括器官的主要构造，例如肾脏应包括皮质、髓质和肾盂等结构。将采取的组织放入装有10%福尔马林溶液的玻璃瓶中固定24～48小时。组织块固定时不要扭转及弯曲，胃肠壁及胆囊壁等应先摊平在硬纸片上进行固定。固定液的量（体积）应为组织体积的10倍，否则会影响切片的质量。

二、常用治疗技术

（一）投药术

1. 灌药术

（1）目的：将水剂、粉剂或研碎的片剂加水制成的混悬剂、中药煎剂等经口服入。

（2）方法：

①药瓶或注射器灌药：取站立保定，术者一手持药瓶，一手自一侧口角拉开犬唇边形成一口袋状，然后自口角缓缓将药液倒进（图 2-1）。

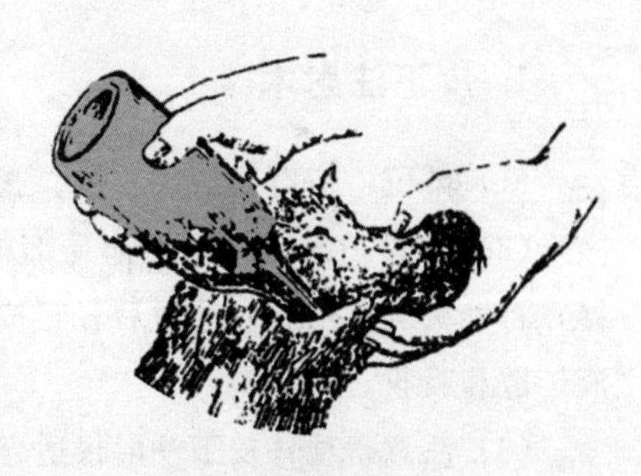

图 2-1　药瓶灌药

②胃导管灌药：取站立保定，将钻有圆孔的木棒放于犬口腔中，胃导管通过其孔穿进，刺激咽部使犬将胃导管吞入食道，然后确认胃导管确在食道而不在气管后即可投药。

（3）注意事项：

①药瓶灌药时，应一口一口地灌，避免呛入气管。

②投胃导管时应注意避免将胃导管投入气管。

2. 颗粒药物投服术

取站立保定，术者一手掌心横越鼻梁，以拇指和食指分别从两侧口角打开犬口腔，一手将药品送达舌根部（图 2-2），然后立即闭合口腔，轻抚咽喉部，以刺激其吞咽。当犬舌外伸时，说明犬已将药品吞下。

图 2-2 颗粒药物投服

（二）注射术

注射给药的目的是将药液、疫苗、血清等注入犬体内治疗或预防疾病。

1. 皮下注射术

（1）部位：肩背至臀部皮肤、胸侧皮肤。

（2）术式：术者左手捏起局部皮肤使成一皱褶，右手持注射器，将针头刺入皮肤。注射后轻轻按摩皮肤注射部位片刻，以利药液扩散和吸收。

（3）注意事项：皮下注射仅适合刺激性较小的药物、疫苗、血清等。

2. 肌内注射术

（1）部位：股部肌肉（外侧或内侧注射）。不宜在颈部及臀部做肌内注射。

（2）方法：局部清洁、消毒，注射针与皮肤垂直或呈 45°角刺入肌肉，注入药液。一般进针深度为 1～2 厘米。

3. 静脉注射术

（1）部位：前臂皮下注射（头静脉）；或在犬跗返静脉、颈静脉处进行。

（2）术式：以适当方式确实保定，局部剪毛消毒，助手压紧静脉近心端，使静脉怒张；术者左手绷紧注射部位皮肤，固定血管，左手持 7～9 号头皮针，针头斜面朝上，针头与皮肤呈 15°～20°角刺入静脉内，并将针头沿血管方向扎入血管，然后用胶布固定。

（3）注意事项：排除输液器内气泡，防止其进入犬体内。注射完毕后及时压迫止血，以防在皮下形成血肿。

4. 腹腔注射术

（1）方法：将犬两后肢提起，使犬前低后高仰卧保定，肠管下移。针头垂直刺入耻骨前缘 2～3 厘米腹中线侧方 1.5 厘米处。

（2）注意事项：注射时固定针头，以防伤及内脏。只能注射无刺激性的药物。

5. 胸膜腔注射术

（1）部位：左侧第 8 肋间，骨关节水平线下。

（2）方法：施行侧卧保定，术部皮肤稍向侧方移动，使刺入孔错开。术者手持注射器在近肋骨前缘处垂直皮肤慢慢刺入，刺入深度为 2～3 厘米，然后注入药液。

（3）注意事项：注药前回抽注射器，确认针头进入胸腔后方可注入药液；针头刺入不宜过深，以免损伤肺脏；注射过程中，应密闭注射器，以防止气胸发生。

6. 气管内注射术

（1）部位：颈腹侧上 1/3 下界的正中线上，于第 4 至第 5 气管环间。

（2）方法：侧卧保定，固定头部，充分伸展颈部，局部剪毛消毒，垂直刺入1～1.5厘米，抽动活塞，使针管内有气体，然后慢慢注入药液。

（3）注意事项：药液必须容易吸收；剂量不宜过多（最多15毫升）；药温应和体温接近。

（三）导尿术

1. 公犬导尿术

（1）目的：

①收集尿液供化验。

②膀胱过度充满时排出尿液。

③直接将药液注入膀胱。

（2）方法：

①选用人用男性小中号导尿管。

②器具及操作者应行外科消毒。

③犬仰卧保定，助手翻开包皮露出龟头，用0.1%苯扎溴铵溶液清洗尿道外口。

④导尿管涂少量石蜡油，与腹壁呈45°角插入尿道，并缓慢插到膀胱，即有尿液排出。

（3）注意事项：

①插管时应小心，动作轻柔。

②尿道狭窄，尿道阻塞时导尿管不可能插入膀胱。

③导尿后，立即让犬行走，可促使尿液排出。

2. 母犬导尿术

采取母犬导尿术的目的与公犬导尿术相同，其方法：

①选用人用女性金属导尿管。

②术前依外科要求消毒。

③站立或胸卧式保定，消毒外阴，左手拨开母犬阴唇，右手持涂石蜡油的导尿管缓慢插入尿道，然后插至膀胱即有尿液排出。导尿后慢慢将导尿管抽出。

（四）灌肠术

1. 浅部灌肠术

（1）目的：直肠给药，直肠人工营养，积粪冲洗，直肠造影。

（2）方法：站立保定，清洗肛门周围，将灌肠管插入肛门，灌入100～200毫升液体。

（3）注意事项：灌肠管插入时不可过度用力；不能插入太深；灌入药液量不宜过多。

2. 深部灌肠术

（1）目的：将药液灌到前部肠管或胃内，治疗胃肠炎、肠套叠等。

（2）方法：清除直肠粪便，助手提起犬两后肢及吊桶，插入灌肠器管，将液体挤入肠内。

（3）注意事项：液体温度为39℃左右。

（五）氧气治疗术

（1）目的：用于肺充血、肺水肿、大叶性肺炎、异物性肺炎、气胸、上呼吸道堵塞、心力衰竭、心肥大、心脏瓣膜病、心丝虫病、急性失血、严重贫血、休克、高铁血红蛋白症和麻醉过量等病症的治疗。

（2）方法：

①鼻导管给氧法：此法需要一个贮氧瓶和医用氧流量表，用一根橡皮胶管，一端接于流量表，另一端直接插入病犬的鼻咽腔或气管内，气导管的中间应安装一个盛水的玻璃瓶。使用时，先打开氧气瓶上的阀门，然后慢慢打开流量计上的旁栓，观察每分钟的输出量（从流量表上的压力计可观察到瓶内氧气的压力）。氧气流量通常以 4～6 升/分为宜，可使吸入氧浓度达到 30%～45%。

②氧仓给氧法：将犬的头部或整体放入氧仓内。仓内氧气的浓度，可根据病情的需要进行调节。一般仓内氧气浓度应保持40%～60%；同时混入 1.2% 以上的二氧化碳，对兴奋呼吸中枢有明显作用。

（六）采血技术

（1）目的：

①采集血样进行常规检查、细菌培养等。

②静脉给药，输液治疗疾病。

（2）方法：

①部位：前臂皮下静脉，犬跗返静脉、颈静脉。

②器材：大犬用 8～10 号针头，小犬使用 6.5～7 号针头。

③步骤：以适当方式确实保定，局部剪毛消毒，助手压紧静脉

近心端，使静脉怒张；术者左手绷紧采血部位皮肤，固定血管，右手持采血针，针头斜面朝上，针头与皮肤呈15°～20°角刺入静脉内采血。

若犬太小、静脉太细，针头采血较困难，可于采血部位剪毛，消毒后，涂少许凡士林，针刺血管，在皮肤表面形成血滴，取样检查。

（3）注意事项：

①采血器械应消毒并烘干，以免感染及溶血，影响效果。

②采血完毕后，及时压迫止血，以防在皮下形成血肿。

（七）麻醉技术

1. 局部麻醉术

犬的局部麻醉在临床上并不常用，主要用于局部外伤处理及部分穿刺术。

（1）表面麻醉：用麻醉药液直接作用于组织表面的神经末梢，使该局部疼痛消失。常用于麻醉黏膜、滑膜、浆膜。麻醉口腔、鼻腔、直肠及阴道黏膜时，用1%～2%盐酸丁卡因溶液；麻醉膀胱黏膜，用1%～2%盐酸丁卡因或2%～4%盐酸利多卡因溶液；麻醉关节黏膜，用3%～5%盐酸普鲁卡因；麻醉胸腹腔浆膜和角膜，用0.5%～1%盐酸丁卡因溶液。

（2）传导麻醉：将高浓度麻醉药液注射于神经干周围，药液弥散进入神经鞘内，使神经干失去传导作用，该神经支配区域失去痛觉，以达到麻醉目的。常用麻醉药为2%～3%盐酸利多卡因或3%～5%盐酸普鲁卡因溶液。犬剖腹探查、阴囊疝等可用腰旁或椎旁麻醉，但常必须配合局部浸润麻醉。

（3）浸润麻醉：将麻醉药液注射于皮下、黏膜下或深部组织中，靠药液的张力弥散，浸润组织，麻醉感觉神经末梢，使其失去感觉与传导刺激的作用。麻醉药品为0.25%～1%盐酸普鲁卡因溶液或0.5%～1%盐酸利多卡因溶液，加微量的0.1%肾上腺素溶液。其麻醉方式有直线形、菱形、扇形及分层麻醉等。

(4) 椎管内麻醉：将药液注射到椎管内，阻滞脊神经的传导，使其所支配的区域痛觉消失。根据药液注入椎管内的部位不同，又分为硬膜外麻醉和蛛网膜下腔麻醉。该麻醉法主要用于尾、肛门、会阴部、直肠、阴道、乳房、阴茎及睾丸等手术。常用药液为1%～2%盐酸普鲁卡因溶液、1%～2%盐酸利多卡因溶液。

2. 全身麻醉术

全身麻醉术是犬临床上常用的麻醉方法：全身广泛使用某些麻醉药，抑制中枢神经系统，从而使犬全身痛觉消失，但仍保持生命中枢和平滑肌组织的功能。全身麻醉分吸入麻醉和非吸入麻醉两种。

为了使病犬能有平静而安定的诱导麻醉，建立起平衡麻醉，减轻麻醉药品的副作用，常在实施全身麻醉前给药。常用药品为阿托品（每千克体重0.04毫克)、氢溴酸东莨菪碱（每千克体重0.01～0.02毫克)、硫酸吗啡（每千克体重0.01～2毫克)、度冷丁（每千克体重4～10毫克)、乙酰丙嗪（每千克体重0.1毫克）等。

(1) 吸入麻醉法：利用挥发性较强的液态麻醉剂或气体麻醉剂，通过呼吸道以蒸气或气体状态吸入肺内，经微血管进入血液，从而产生麻醉。吸入麻醉对犬有良好的麻醉效果。其优点是易于调节麻醉的深度或较快地终止麻醉。缺点是操作复杂，而且需要一定的技术和设备。

吸入麻醉常用的麻醉剂有氟烷、甲氧氟烷、安氟烷、异氟烷及乙醚、氯仿、乙烷醚和氯乙烷等。

吸入麻醉的方法有开放式、半密闭式及密闭式，临床使用比较理想的方法为密闭法。密闭式吸入麻醉方法是利用密闭式循环麻醉机或特制设备使犬的呼吸与大气隔绝，吸入的氧由氧气瓶供给，并与麻醉药蒸气或气体混合，吸入肺内，呼出的二氧化碳则由钠石灰吸收。

(2) 非吸入麻醉法：通过静脉注射、肌内注射、腹腔内注射、口服或直肠内灌注等给药途径，将麻醉剂注入体内，从而产生麻醉。非吸入麻醉法尤其是静脉麻醉有许多优点，最突出的是易于诱导，能使病犬很快地进入外科麻醉期，不会出现吸入麻醉时所出现的挣扎和兴奋现象，而且操作简便。但这种麻醉的缺点是不易控制麻醉深度、剂量和麻醉时间。

常用的非吸入麻醉剂有盐酸二甲苯胺噻嗪（每千克体重 1～2 毫克，肌注或静注，麻醉前每千克体重给予 0.04 毫克阿托品）；盐酸二甲苯胺噻唑（每千克体重 2～3 毫克，肌注或静注）；速眠新，即 846 合剂（每千克体重 0.1～0.2 毫升，肌注）；戊巴比妥钠（将每千克体重 25～35 毫克的戊巴比妥钠配成 3%～6%溶液缓慢静注）；硫喷妥钠（每千克体重 15～25 毫克，用生理盐水配成 2.5%浓度，在 15 秒钟快速注射约 1/3 剂量，然后停 30～60 秒，剩下的在 1～2 分钟内注完）；硫戊巴比妥钠（每千克体重 16～20 毫克，配成 4%水溶液静注）。

3. 电针麻醉术

电针麻醉术是指在犬体表某些术位扎针后，施以脉冲电流刺激，使犬全身或局部疼痛感觉明显减弱或消失。常用针麻机为 SB71-2 型兽用针麻机、治疗综合电疗机械或 73-10 型兽用综合电疗针麻机。常用针麻术位有六缝、内关、天门、山根、承浆、迎春、大椎、陶道、身柱、至阳、筋缩、命门、阳关、百会、尾根、脾俞、胃俞、曲池、前三里、外关、内关、合谷、环跳、后三城、上巨虚、阳陵泉、三阳交、太冲、昆仑、公孙、陷谷等。针麻时，常根据手术部位不同选配上述术位。

针麻时，依手术需要取侧卧或仰卧保定，在取穴处剪毛消毒，扎毫针，连导线。打开针麻机开关后，由低到高调节脉冲频率，使病犬逐渐适应。针麻频率为 30 赫，电压 6～8 伏，针麻 20～30 分钟后可获术部无痛。

在针麻过程中对狂躁的病犬应先注射安定、氯丙嗪等镇静药，待其安定后再施行麻醉。

（八）常用手术术式

1. 去势术

（1）母犬去势术式：

①全身麻醉。

②腹底部耻骨前缘到肋弓并延伸至胸部皮肤进行常规消毒。

③腹中线切口，即脐后方向切开 6～12 厘米长。

④手术台前倾 45°角，使腹腔内脏重心前移，打开腹腔。

⑤用卵巢钩或直接徒手伸入骨盆腔前口，找到子宫体，再沿子宫体寻找子宫角。将子宫角牵引到创口，顺子宫角向前下方提起输卵管和卵巢。

⑥以食指和拇指钝性分离卵巢韧带。注意不要撕破卵巢系膜上的动静脉。

⑦双重结扎卵巢系膜及其血管。切断卵巢系膜及血管，暂时松开止血钳。如无出血，断端卵巢系膜可放回腹腔。

⑧从无血管系膜上撕开，并沿子宫角向后分离到子宫阔韧带，直到子宫角分叉处，即可剥离卵巢。同上法找出另一侧卵巢，并将其摘除。

⑨在子宫颈处，结扎子宫动脉、静脉，防止出血，最后将子宫颈还纳盆腔。

⑩常规缝合创口及皮肤，并注意术口消毒。术后 7～10 天拆除皮肤缝线。

(2) 公犬去势术式（图 2-3）：

①全身麻醉，仰卧保定。

②阴囊部清洗、剃毛、消毒。

③用中指、食指、拇指固定睾丸于阴囊底部。

④在距阴囊缝际 0.5 厘米处，切开阴囊皮肤、内膜和总鞘膜。

⑤挤出睾丸，剪开阴囊韧带，撕开睾丸系膜，在睾丸上方 3～4 厘米处贯穿结扎精索。

⑥在结扎线下方 1～1.5 厘米处用外科刀或手术剪切断精索，除去睾丸。

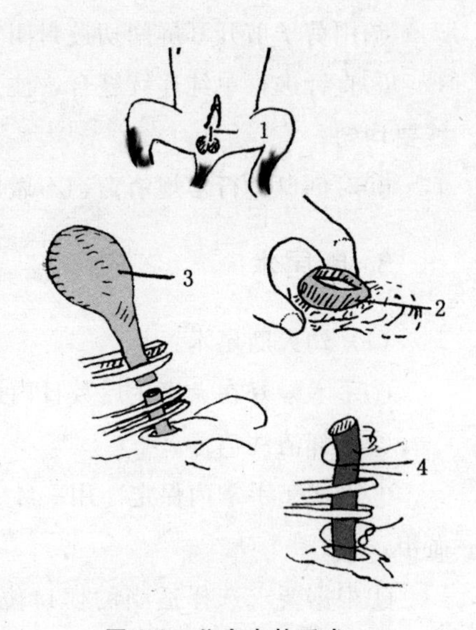

图 2-3　公犬去势手术

1. 皮肤切口　2. 筋膜　3. 睾丸　4. 精索

⑦精索端确无出血时，剪去结扎提线。

⑧用同样方式去除另一睾丸。

⑨清除阴部内血凝块，用碘酊进行创口消毒，可不缝合。

2. 断耳术

①全身麻醉，俯卧保定。

②两耳剃毛，清洗，常规消毒。

③根据品种标准，在应断除位置做好标记。

④在标记处安装适宜的耳夹子。

⑤用锐利外科刀以拉锯样动作切除耳夹外侧应切除部分，使切口平滑整齐。

⑥除去耳夹子，对出血点进行止血。特别注意要止住耳动脉分支出血。

⑦用剪子剪开耳屏间切迹封闭着的软骨，使切口平整均匀。

⑧直针进行单纯连续缝合，注意耳尖处缝线不要拉得太紧，缝线要均匀。

⑨对创口进行常规消毒，不做包扎。

3. 断尾术

（1）幼犬断尾术：

①手术最好在犬出生后数日内进行，此时不需麻醉。

②尾部清洗消毒。

③犬握于手掌内保定。用一纱布条或橡皮筋在尾根部扎紧作止血带。

④根据要求选择适当的切口位置，向尾基部切开一半尾部皮肤，留作活瓣。再以同样方式切开另侧皮肤。两皮瓣都保留于尾基部。

⑤切断尾椎，将两皮瓣对合修齐，并完全覆盖残留尾根。用可吸收缝线结节缝合皮瓣（缝线可自行吸收或被母犬舔除）。此缝合有助于止血，也可防止瘢痕无毛生长。

⑥去除止血带。

（2）大犬断尾术：

①较大的犬断尾时，施全身麻醉或硬膜外麻醉。尾基部结扎止血。

②根据标准找到相应尾椎间隙。在间隙处尾背侧、腹侧切开皮肤，保留皮瓣。

③在欲切断尾椎处结扎血管。

④横向切断尾部肌肉和尾椎间隙。

⑤暂时松开止血带，检查有无出血。

⑥将皮瓣紧盖住尾椎残端，但皮肤张力不宜过大。

⑦结节缝合皮瓣，闭合死腔，包扎术部。术后10天拆除缝线。

4. 声带切除术

①全身麻醉，仰卧保定，头部略低。

②颈上1/3处的甲状软骨正中视面、喉部周围剃毛、消毒。

③视犬体型大小，沿甲状软骨正中矢状面切开皮肤4～6厘米。

④分离深部的胸骨舌骨肌及结缔组织，暴露甲状软骨和环甲软骨韧带。

⑤充分止血后，沿甲状软骨突起正中切开，直至下方的环甲韧带。

⑥用小创钩向左右两侧拉开甲状软骨，暴露喉室和声带。

⑦完整剪除声带。

⑧彻底止血后，间断结节缝合甲状软骨，使其密闭。

⑨缝合胸骨舌骨肌。

⑩结节缝合皮肤，颈部装置绷带。

⑪术后护理时应单独饲养，给予营养丰富的流食。防止外界侵扰，不让犬吼叫，必要时给予镇静剂和抗生素。

5. 胃切开术

①术前禁食24小时，禁饮4小时。

②全身麻醉，仰卧保定。腹前部剪毛、剃毛、消毒。

③脐正中切口长5～8厘米，将胃自腹腔内牵至创口外，创口垫灭菌纱布。

④用手触到胃内异物后，用舌钳在胃大弯处提起胃组织，用手术刀在胃大弯处切一小孔，用剪刀扩创，用异物钳取出胃内异物（注意不要污染周围组织），然后冲洗创口。

⑤闭合胃壁，可选择连续缝合加库兴缝合或库兴缝合加网膜包

裹创口的方法。

⑥冲洗胃组织后还纳于腹腔，将少许抗生素撒入腹腔。

⑦缝合胃壁用肠线。腹膜和腹直肌采用连续缝合方法闭合，皮肤用结节缝合。

⑧术后 6 天全身应用抗生素，4 天静脉输液。开始进食时以流食为主，后逐渐恢复原日粮。

6. 剖腹产术

①术前应注意纠正水盐代谢平衡紊乱。准备接生或抢救胎儿的器具。必要时应考虑子宫卵巢的一并切除。

②全身麻醉，仰卧保定。

③脐孔往后正中线周围做消毒处理。

④脐孔后腹正中线做一切口，应注意勿伤及切口两侧已增大的乳腺。

⑤抓住一侧子宫角，将整个子宫拉出，必要时可以扩大腹壁切口。

⑥在子宫与腹壁切口之间实行严密的隔离。

⑦根据胎儿的数目与位置，在方便取出所有胎儿的子宫角或子宫体背中线做一预定纵行切口。切口长度以能使胎儿顺利通过为准。先在预定切口上做一小切口，然后在探针或镊子的保护下扩大切口。

⑧轻轻挤压靠近切口处的胎儿，当胎儿被推至切口处时将其连同胎膜一起拉出，结扎或挫断脐带，送走胎儿。如此取出所有胎儿及胎膜。

⑨清除干净子宫内组织，冲洗子宫，撒布抗生素后闭合子宫切口。在闭合子宫切口的基础上实施包埋缝合。如果犬主人希望犬继续繁殖，缝合方法要注意。

⑩移除创巾及器械，彻底清洗子宫壁或腹腔。

⑪闭合腹壁切口，结扎绷带。

⑫腹壁创口的保护绷带要切实可靠，防止幼犬吸吮。同时要调节犬体酸碱平衡，全身使用抗生素。

7. 膀胱切开术

①全身麻醉，仰卧保定。

②公犬在阴茎侧方2厘米、母狗在耻骨前沿腹白线切开皮肤。

③切开腹直肌和腹膜，找到膀胱。

④若膀胱尿液多，可按压膀胱排尿。尿结石病例，应先用大注射器抽出尿液，将膀胱牵至腹部切口外。切口处垫灭菌纱布隔离创口，在膀胱顶部无血管区切开2～3厘米的切口，用异物钳取出结石。若为肿瘤，则视发生部位和大小决定切口及位置，可以预留导尿管。

⑤用生理盐水冲洗膀胱后，用肠线缝合膀胱壁切口。

⑥腹腔应用抗生素，然后连续缝合腹膜与腹直肌，结节缝合皮肤。

⑦术后全身应用抗生素7天，手术当天给予止血药。术后4～5天抽出导尿管，术后7天拆除皮肤缝线。

8. 尿道切开术

①全身麻醉，仰卧保定。

②从公犬阴茎口插入导尿管，可探知结石阻塞处。一般在阴茎骨后。根据X线摄片确定尿结石的数量和部位，并确定皮肤切口的位置。

③沿阴茎腹侧正中切开皮肤，分离皮下组织和肌肉，看清尿道后，在近结石处切开尿道黏膜，取出尿道结石，使尿液通畅地排出即可。若膀胱结石不多或尿道中有较多结石，可用导尿管将尿道结石推入膀胱，做膀胱切开术取出结石。然后分层用可吸收缝线缝合

切口，留导尿管 5 天左右，按常规方法闭合腹壁切口。

④术后全身应用抗生素 6 天，注意保持创口干燥。术后 4～5 天拆除导尿管，7 天拆除皮肤缝线。术后尿道切口可能漏尿，主要原因是导尿管粗细不合适。如果创口漏尿严重，可在尿道切口处做排尿口，将尿道黏膜与创口皮肤缝合。

9. 会阴疝修补手术

①全身麻醉，腹卧保定，取前低后高姿势，打尾绷带并拉向前方。

②在肿胀处剪毛、剃毛、消毒，术前最好先灌肠排出积粪，然后用大的纱布块堵塞肛门。

③在肿胀中心皱襞处切开皮肤，分离皮下组织，找到疝囊，将疝内容物还纳于腹腔。

④用舌形钳夹住疝囊底部，沿着长轴方向捻转疝囊数周，在疝囊颈部结扎，将捻转的疝囊作为生物填塞物固定在周围组织上。环状缝合肛门括约肌与尾肌、荐坐韧带。皮肤行结节缝合。术后取出肛门内填塞的纱布块。

⑤术后吃流食，7 天拆线。

10. 肛门囊摘除术

①全身麻醉，腹卧或侧卧保定，打尾绷带。

②常规消毒。先挤出肛门囊内化脓的分泌物，冲洗后，用有沟探针自肛门腺开口处插入肛门囊，沿囊壁剪开，分离并摘除肛门囊。也可在肛门囊皱襞处切开皮肤，分离肛门囊并使之游离，结扎肛门囊排泄管后摘除肛门囊。

③术部冲洗后，结节缝合皮肤切口。术中注意不要损伤肛门括约肌。

④术后，局部和全身应用抗生素 6 天，术后 7 天拆线。

11. 创伤处理

①创围剪毛、清洗，取出创伤内的组织碎片和异物，清洗创面。

②除去严重污染和失去血液供应的坏死组织和损伤严重的组织，平整创缘，使创壁形成近似新鲜的手术创，术后根据情况行密闭缝合或开放疗法。

③如创内有血液及炎性渗出物应采取引流疗法。

④创伤局部消炎可选用青霉素、呋喃西林、氨苄青霉素，全身可选用头孢拉啶、头孢噻呋钠等，同时配合支持疗法。

⑤严重出血时可进行输血和输血浆。

三、犬常见症状的疾病原因

犬患病后常表现各种各样的异常行为，这种不同于平时的行为表现在兽医临床上称为“症状”。犬主根据症状得知犬已生病。兽医根据症状来判断患病的部位及患病的性质，结合临床检查及实验室诊断，最终找出发病的原因。本部分内容主要根据作者的长期临床实践，将犬患病过程中常出现的各种症状及表现这种症状的主要原因加以分析，以便让犬主或兽医能顺利地根据症状找出病因，并及时对因治疗。

（一）发热

犬的正常体温为38.3～39℃。食后、运动及室温过高可使体温暂时升高。早晨体温偏低，下午体温偏高。若测出的体温高于39℃，则说明犬处于发热状态。临床上，最常见的有突然发高热（体温高于40℃）、持续性发低热（体温连续几日均在39～40℃之间）两种情况。

（1）引起突然发高热的常见病因有以下几种。

①犬瘟热：外表看起来犬几乎无异样，只觉精神状态稍差，食欲减退。

②犬细小病毒病：突然精神沉郁，食欲不振，呕吐，腹痛。

③犬传染性肝炎：精神不振，食欲缺乏，体温可高达41℃，扁桃腺肿大。

④感冒：气温突然降低，鼻流清水样鼻液，舌色淡白。

⑤中暑：阳光直射的情况下，犬在高温、潮湿的环境中运动时

易发生。

⑥急性中毒：可见于食物中毒、药物中毒和内毒素中毒的情况下，常并发呕吐和下痢。

⑦肺炎：见于喂药喂入气管及细菌病毒感染时。可伴有咳嗽、呼吸困难及肺啰音。

⑧败血症：精神极度沉郁，病程长，有感染史，寒战，呼吸不均，全身中毒症状明显。

（2）引起连续性发低热的常见病因有以下几种。

①犬瘟热：急性期后转为慢性症状时，常伴有呕吐、腹泻、脓性鼻涕。

②犬传染性肝炎：慢性型，常伴有黄疸、出血及颜面肿胀。

③外耳炎：严重的外耳道湿疹感染引起，化脓时易发生。

④慢性气管炎、支气管炎：犬肺丝虫寄生或其他感染存在时易发生。

⑤慢性肾炎：病原体长期存在时，常伴有肾区疼痛及尿液的变化。

⑥慢性肺炎：可伴有呼吸困难、咳嗽、肺部啰音及肺部 X 线变化。

⑦肥大性骨营养不良：伴有跛行。

（二）呕吐

呕吐是犬常见症状之一，可见于不同年龄的多种疾病。反复而严重的呕吐可引起脱水及电解质紊乱，甚至危及生命。慢性长期呕吐严重影响犬的健康和生长发育。

（1）引起急性呕吐的常见病因有以下几种。

①食物性：食入过多的食物，食物突然改变，犬采食了刺激性食物，食入了毒物或过敏性物质。

②胃肠炎：犬患细菌性肠炎（大肠杆菌、弯曲杆菌、钩端螺旋体感染时），病毒性肠炎（犬瘟热病毒、犬细小病毒、犬冠状病毒等感染时），中毒性肠炎（如铅中毒、有机磷中毒、药物中毒等）。

③肠阻塞：肠内有异物（如石头、胶片、布团等），或因肠扭转、肠内肿瘤、肠套叠等使肠腔闭塞，食物不能下泄，常引起呕吐。

④食道异物：食道内有异物梗塞或食道狭窄而使食物不能入胃而发生呕吐。

⑤胃扭转或胃扩张，因胃扭转或扩张反射性地引起呕吐。

（2）引起持续性呕吐的常见病因有以下几种。

①食道扩张：往往在食后不久即呕吐，采食后可见胸前口处膨大如同鸡嗉，主要发生在仔犬。

②幽门狭窄：可因消化道平滑肌痉挛而引起，胃内食物排出受阻，反射性地发生呕吐。

③胃内异物：因异物刺激胃壁引起呕吐。

④蛔虫病：当胃内有蛔虫寄生时发生，有时可吐出蛔虫。

⑤其他：肠内不完全梗阻、胃炎及食道溃疡、胃食道重叠等，均可引起犬的呕吐。

（三）腹泻

健康犬的粪便呈条状，每日排便 3～4 次。排便次数增多，粪便不成形，似浆糊状、水样，有黏液甚至带血液，都是犬疾病的表现。这种疾病表现即是腹泻。根据腹泻发生的快慢及持续时间的长短，临床上常将其分为急性腹泻和慢性腹泻。

（1）引起急性腹泻的常见病因有以下几种。

①食物性肠炎：病犬食入过敏物、刺激性食物、毒物，或食物突然改变。

②细菌性肠炎：大肠杆菌病、弯曲杆菌病、沙门菌病等，病犬均会发生急性下痢。

③病毒性肠炎：犬瘟热、犬细小病毒病、犬冠状病毒病、犬传染性肝炎等，病犬往往在呕吐的同时或呕吐后发生腹泻，粪便稀薄水样、腥臭、有黏液，严重时呈血水样。

④中毒性腹泻：犬采食了农药、鼠药或治疗疾病时服用某些药物后，引起胃肠炎症而发生呕吐、腹泻。根据粪便的性状可发现毒物原因，如：砷制剂中毒，粪便呈洗米水样；水银中毒，粪便黑色，有黏液及血液；磷中毒，粪便在暗处可发荧光。

⑤神经性腹泻：寒冷及其他原因引起副交感神经兴奋，使肠黏膜分泌增多，肠蠕动加快，而发生腹泻。

⑥肠阻塞、尿毒症、艾迪生病等也会出现腹泻症状。

（2）引起慢性腹泻的常见病因有以下几种。

①消化不良性腹泻：糖类、淀粉消化不良时，病犬腹鸣、腹痛、腹胀，粪便稀软、粪便中含有淀粉。蛋白质消化不良时，粪便恶臭、水样、泥样，呈强碱性。脂肪消化不良常因胰腺功能不全而引起，可见于慢性胰腺炎及幼年性胰腺萎缩症，病犬粪便呈灰白色，可检出脂肪。

②炎症性腹泻：慢性肠炎可见持续腹泻、便秘和腹泻交替出现的症状。

③中毒性腹泻：各种情况下的内毒素性中毒均可使犬发生慢性腹泻。

④寄生虫性腹泻：肠内有寄生虫寄生时，常发生慢性腹泻。粪便内混有虫卵或虫体。

⑤应激性腹泻：寒冷或食入过多的食物可诱发犬在排出一部分硬便后，有泥状或水样的稀便排出。

⑥营养失调性腹泻：常并发于其他疾病的过程中（如肝肾疾病、血液病等）。

⑦肠内肿瘤、溃疡、淋巴管扩张及甲状腺功能不全也可引起犬发生慢性腹泻。

（四）腹胀

引起犬腹胀的常见病因有以下几种。

①胃扩张：见于犬采食大量食物后。

②胃扭转：见于食后剧烈运动时。胃发生扭转后，犬腹痛明显，可能引起死亡。

③寄生虫病：在犬肠内寄生蛔虫、球虫时，常可见犬腹部膨胀。

④锁肛：锁肛仔犬因无法排出大便而致粪便积滞，有些仔犬仍可采食且存活一段时间，但腹部常膨胀。对待无粪便排出的犬应注意检查有无肛门。

⑤初生犬毒奶综合征：因吞食母犬含有毒素的奶而引起初生犬胃肠气胀。

（五）突然不食或食欲不振

在正常情况下犬的食欲是很强的，仔犬的食欲更强，在同窝仔犬共同采食时，往往可发现争食现象。在喂食时犬不食或食欲不振是消化系统疾病或全身性疾病的最初主要症状之一。

（1）引起食欲不振或突然不食的传染病有：犬瘟热，犬细小病毒性肠炎，犬传染性肝炎，钩端螺旋体病，犬冠状病毒病，弓形虫病等。在这些疾病发生过程中往往还同时表现出相应的其他症状。

（2）引起食欲不振的消化系统的常见病因有以下几种。

①急性胃炎：采食过量或吞下异物。

②肠阻塞：因寄生虫团或异物存积在肠内，高位阻塞时可伴发

呕吐，病犬往往脱水、腹痛。

③肠扭转：因剧烈运动或翻滚而引起，病犬腹痛。

④肠套叠：常伴发于剧烈腹泻，触诊可见有香肠样硬块。

⑤胃酸不足或过多：可引起食欲不振。

此外，口腔疾病及中毒，维生素A、D过多，恶性肿瘤及一些寄生虫病，也可导致犬食欲不振。

（六）消瘦

犬的消瘦可分为两种情况：一种是食欲不振，犬体消瘦；另一种是犬食欲很好，采食很多，但仍然消瘦。

（1）引起食欲不振、犬体消瘦的常见病因有以下几种情况。

①犬瘟热、犬细小病毒病、犬传染性肝炎等传染病的恢复期，犬体表现为消瘦。

②肠内寄生虫病：严重的肠内寄生虫（球虫、绦虫、钩虫等）寄生，破坏肠黏膜，引起肠出血，食欲降低并消瘦。

③口腔疾病：如齿槽脓肿、牙周炎、口腔溃疡等均会引起犬食量下降，导致消瘦。

④恶性肿瘤性疾病：鼻、口、眼、肝、肾等的恶性肿瘤可导致全身症状出现，病犬食欲降低，机体消瘦。

（2）引起食欲正常、采食很多，仍然消瘦的常见病因有以下几种。

①营养不全：食量不足、饲喂过少，犬长期处于饥饿状态，或饲料中营养成分缺乏，尤其是蛋白质缺乏时常发生这种情况。

②肠内寄生虫寄生：蛔虫、钩虫、球虫、贾第虫寄生时，会引起犬的大量营养丢失。

③消化不良：因肠炎或胆汁、胰液分泌不足而使营养物质不能被犬消化吸收。这种病犬往往大便多而软。

④慢性肾功能不全：犬患有肾病而使大量蛋白质经尿丢失，或盐摄取过多引起犬脱水。

⑤糖尿病：烦渴、多尿、多食及尿中糖的出现是本病的特征。

⑥过度运动、环境不良及大面积的湿疹均可引起食欲正常的犬消瘦。

（七）吞食异物（异嗜）

犬在正常情况下有嗅闻、舔舐路边物品的习性，但常常是探究和嬉耍行为需要，并不将异物随意吞食。吞食异物是犬病的一种表现。引起吞食异物症状的常见病因有以下几种。

①营养失调及营养不良：食物中缺少无机盐或某些微量元素、维生素。尤其是缺少钙、磷、铁及B族维生素时，更容易发生。

②运动量不足：长期关养在犬舍内，并且与人逗玩很少，犬精神孤独时常会乱啃物品（如犬板、墙角），甚至吞食自己的粪便。

③胃酸过多：神经过敏，或饲料中蛋白质不足、盐分却过多，导致胃酸过多、胃功能失调而采食异物。

④慢性胃肠炎：由于患慢性胃肠炎，营养物质丢失，机体营养不全诱发异嗜。此外，患胃炎时，胃异常刺激更容易导致异嗜。

（八）痉挛

痉挛是指犬身体全部或部分肌肉抽搐。全身性的痉挛大多伴随着其他的疾病，而各种疾病的程度又影响了痉挛症状的表现。引起犬痉挛的常见病因有以下几种。

①急性脑炎：脑膜炎、犬瘟热、狂犬病、弓形虫病都可引起犬脑炎性痉挛。在犬的疾病中，犬瘟热是最常引起神经症状的一种疾病。

②急性脑外伤：犬被压、被咬而致急性脑外伤时可表现精神失常、痉挛。

③癫痫：犬先天性癫痫或某些疾病后遗症性癫痫都可表现痉挛性发作。

④低血糖症：犬先天性低血糖症及后天性营养不良均可表现抽搐症状。

⑤恐惧精神病：犬患恐惧精神病时，在异常刺激下可表现出痉挛症状。

⑥肝性脑病、尿毒症、药物中毒、破伤风等：可使犬表现出这种神经症状。

（九）咳嗽

咳嗽是一种保护性反射动作，是呼吸系统疾病的常见症状。当耳、鼻、咽、喉、支气管、胸膜、肺等脏器，由于炎症，郁血，物理、化学或过敏等因素刺激时，通过分布于这些器官的迷走神经分支传达到延髓咳嗽中枢，引起咳嗽反射。

引起犬发生咳嗽的常见病因有以下几种。

①咽喉部疾病：咽炎、喉炎、喉头淋巴肉芽肿等。

②气管、支气管疾病：如气管炎、气管支气管炎、犬传染性气管炎、支气管扩张症、支气管肺炎等。

③肺部疾病：真菌性肺炎、嗜酸性细胞浸润性肺炎、肺水肿、肺肿瘤等。

④传染病：犬瘟热、犬病毒性呼吸道疾病、结核病等传染病均可表现出咳嗽症状。

⑤寄生虫性：在蛔虫病、肺吸虫病及心丝虫病病程中均可见咳嗽。

（十）呼吸困难

呼吸困难是指由各种原因引起呼吸频率、强度和节律的改变，伴以代偿性辅助呼吸肌参与呼吸运动。这是犬呼吸系统疾病中的常见症状。根据发病机理，可将呼吸困难区分为下列5种基本类型。其一是肺源性呼吸困难，是由于呼吸器官病变所致；其二是心源性呼吸困难，这是心功能不全的主要症状之一；其三是中毒性呼吸困难，是各种原因引起的内因性或外因性中毒所致；其四为血源性呼吸困难；其五为神经精神性呼吸困难，多见于重症脑部疾病、癔病及重症肌无力危象等。

引起犬发生呼吸困难的常见病因有以下几种。

①鼻腔、咽喉部异常：常见的有鼻炎、副鼻窦炎、鼻腔瘤、鼻腔内息肉、鼻孔狭窄、喉浮肿、喉淋巴肉芽肿等。

②胸腔及肺部异常：有肺吸虫病、肺郁血、肺水肿、肺炎、肺扩张不全症、肺肿瘤、胸膜肿瘤、纵隔淋巴肉芽肿、胸腔积液、气胸、横膈膜疝等。

③传染病性：肺结核、诺卡菌病、球孢子菌病、芽生菌病、犬疱疹病毒病、呼吸型犬瘟热等。

④中毒性：有机磷、无机磷中毒，丙酮卞羟香豆素中毒，毒蛇咬伤，马钱子碱中毒，氯化物中毒，亚硝酸盐中毒等。

⑤心力衰竭、心包积液、法乐四联症、房间隔缺损等：也会引起呼吸困难。

（十一）体温降低

体温降低在犬患严重疾病时较为多见，一般常见的病因有以下几种。

①寒冷症：初生犬在寒冷环境中体温逐渐降低。

②毒奶综合征：初生仔犬在食入病母犬乳汁后发病，犬常伴发腹泻、哀鸣症状。

③休克：因压伤、撞伤引起的全身意识障碍，或出现于某些疾病中。病犬心功能不全，脉搏无力，可视黏膜苍白，末梢凉。

④脱水症：见于大量呕吐、严重腹泻及久渴失饮等情况。病犬消瘦，皮肤弹性差，鼻镜干燥。

⑤神经型犬瘟热：发病时会表现全身性痉挛。

⑥钩端螺旋体病：特别是出血黄疸型钩端螺旋体病，出现血便、血尿的急性症状时更容易发生。

⑦尿毒症：因肾功能不全，电解质排泄失调，废物在体内积存太多，从而导致体温降低。

⑧脑肿瘤：脑肿瘤引起体温调节中枢功能障碍。

⑨其他：有机磷中毒、中暑、糖尿病、破伤风及濒死前均会有体温过低现象出现。

（十二）尿颜色加深

犬正常尿的颜色为淡黄色。深颜色尿是一种疾病的表现。颜色的加深常因为尿中夹杂了胆色素、血液或其他异物。引起犬排出深颜色尿的常见病因有以下几种。

①肝炎：犬患传染性肝炎及细菌性肝炎时，由于肝细胞受损而引起黄疸，尿色加深。

②钩端螺旋体病：出血黄疸型钩端螺旋体病，因肝细胞损害严重，胆汁色素大量流到尿中。

③巴贝西虫病：因虫体寄生于红细胞内引起溶血，使血红色素经尿排出。

④急性及慢性肾炎：肾炎时，尿量减少或尿浓缩而使尿色

加深。

⑤中毒：犬洋葱中毒、蛇毒中毒均可因红细胞破裂而使尿色加深。

⑥药物性：犬服用复合维生素B、痢特灵等药物时，尿色加深发黄。这是一种非疾病状态。

⑦其他：全身红斑狼疮、自身免疫性溶血性贫血及慢性铜中毒都可引起犬排出深颜色尿。

（十三）流水样或脓样鼻汁

犬在正常情况下是不流鼻汁的。流出鼻汁即是一种病理状态。导致犬流水样或脓样鼻汁的常见病因有以下几种。

①副鼻窦炎：鼻汁呈脓样，病变部位肿胀、压痛，X线检查可见病部透过性减弱。

②急性鼻炎：鼻汁呈水样、黏液性或脓性。

③慢性鼻炎：鼻汁呈脓样，鼻黏膜肥厚，常由急性鼻炎转化而来。

④感冒：常发生在受寒后，流清水样鼻汁并伴发体温升高。

⑤肺炎：流黏液性或脓性鼻汁，呼吸困难，有肺部啰音。

⑥犬瘟热：继发感染时流出黏液性或脓性鼻汁，并伴有眼屎出现及犬瘟热的其他疾病症状。

⑦肺水肿：鼻汁为泡沫样。

（十四）流泪或有眼屎

健康犬两眼有神，平时无眼泪或眼屎。引起犬流泪或有眼屎的常见病因有以下几种。

①异物刺激：外界异物、刺激性药物或烟雾刺激眼组织，引起

流泪增多。

②眼睛本身的刺激：如犬眼睑内翻、睫毛异位、瞬膜内翻或外翻、结膜炎、角膜炎、虹膜炎，均可引起眼泪增多。

③结膜囊和鼻腔间的排出受阻：如眼睑外翻、眼球陷入、先天性泪孔闭锁、鼻泪管阻塞，均可使犬表现这种症状。

④全身性疾病：患犬瘟热、犬传染性肝炎、弓形虫病的犬，眼结膜感染发炎，常排泄出脓性眼屎堆结于眼周。

⑤眼睛本身的炎症：犬眼睑内翻、睫毛乱生及结膜炎、眼眶蜂窝组织炎、新生犬眼炎，均可使犬表现流泪和眼屎堆积症状。

四、日常卫生与防疫措施

任何疾病的发生都有其致病因素，只要我们在日常饲养管理工作中，采取一定的措施，注意排除这些致病因素，就能降低疾病造成的损失。因此，采取有效的日常卫生与防疫措施预防疾病、坚持防重于治的原则是犬饲养繁殖中极其重要的工作，这也是犬病防治的主要任务。

（一）卫生措施

卫生措施主要有饮食卫生、犬体及犬舍卫生、环境卫生三方面。

1. 饮食卫生

（1）饲料卫生：禁止从传染病疫区采购饲料（包括副产品）。对每批饲料必须进行检疫、检鲜，确认无传染病病原及其他毒物后方可入库。因传染病或不明原因死亡的猪、禽等的肉品及内脏，不宜作犬饲料。动物性饲料应冻结保存，并且保存期不宜过长。绝对禁止使用发霉变质饲料；肉、鱼类食品加工前应清除杂质，剔除有害部分，再用清水或消毒水冲洗干净。蔬菜应摘除腐烂部分，并进行清洗。谷物饲料须煮熟。夏天米饭、肉食最好现做现吃。自采牛乳应煮沸消毒后方可喂犬。

（2）饮水卫生：饮水要充足、新鲜，勤换勤给，保证饮水清洁卫生。每次给水前，首先倒去或冲刷掉水盆内的残余剩水及污物，方可再注入新水。禁止饮用死水、污水。尤其在散放犬时应注意。

(3) 饮食具及饲料室卫生：幼犬应固定饮食具，用后及时洗刷干净，并定期煮沸消毒。剩食、废水及时处理。对于饲料加工用具，如菜刀、食桶、绞肉机等亦同样注意清洗消毒。饲料房、饲料加工室必须保持清洁卫生，不存放各种消毒剂、农药及其他毒品。

2. 犬体及犬舍卫生

在日常饲养管理犬的过程中，应注意保持犬体表的清洁卫生。坚持每天全面清扫犬舍一次，及时清除犬舍内的剩食、杂物及粪便。犬舍粪水沟内的粪尿应及时清除，并集中进行无害化处理。

3. 环境卫生

做好饲养犬场地周围的环境卫生。犬舍、犬伙房内外应经常打扫，填平犬舍周围的洼地、粪坑，及时畅通下水沟、下水道，做好蚊蝇滋生地卫生。

从管好粪便和剩食、杀死蝇蛆和成蝇着手，消灭苍蝇。炎热天气应在犬舍活动场内采用必要的遮阳降温设施，改善犬舍小气候。

(二) 防疫措施

1. 日常预防措施

日常预防措施是针对犬疾病（尤其是传染病）发生的原因，而采取的预防、控制疾病的方法。在具体工作中，根据犬本身的特点及疾病发生与流行的规律，贯彻预防为主、养防结合的方针，在加强饲养管理、注意兽医卫生监督的基础上，切实做好犬的检疫、预防接种、药物预防、消毒、杀虫、灭鼠等常规性工作，采取综合性防制措施，以达到降低普通病发病率，控制传染病发生、流行的目的。

（1）检疫：检疫是指采取各种诊断方法对犬及相关产品进行疾病检查，发现犬群的疫情，监测犬群的免疫状态，并采取相应措施，以达到防止传染病发生与传播的目的。

凡引进的犬，须隔离观察一定时间进行检疫。检疫期内应注意下列几点：

①检疫观察期不少于 30 天，观察检查犬食欲、精神状态、体况、体温。

②在隔离观察期内应采取血液、粪便、尿液、分泌物等标本，至少做下列几种疫病的检疫：钩端螺旋体病、犬细小病毒病、犬传染性肝炎、犬瘟热、布氏杆菌病。

③在隔离检疫期内，在检疫标本采取后，至少要做下列几种疫病的预防注射：狂犬病、犬瘟热、犬细小病毒病、犬传染性肝炎。

④在观察期内应粪检虫卵，对消化道寄生虫进行一次驱虫工作。

⑤经检疫证明健康后，进行一次体外消毒，然后方能合群饲养。

⑥非健康犬应积极治疗。如疾病传染性强，对人危害严重，则应扑杀深埋病犬。

（2）预防接种：为预防某些传染病的流行和发生，平时应有计划地给健康犬进行免疫接种。这是一项有目的的防疫措施，必须依计划认真执行。预防接种时，应根据疫苗、免疫血清的性质与种类、疾病的流行特点及犬体状况采取不同的接种途径，采用不同的剂量。通常采用皮下注射、肌内注射等方法。应注意的是，预防接种所产生的免疫效果是由各种因素决定的。在具体工作中，必须根据疫情选择合适的疫苗并正确使用，才能取得较好的免疫效果。

（3）药物预防：药物预防是指利用特定的药物预防犬特定的寄生虫病、细菌病、病毒病的一种非特异性方法。实践表明，有些犬的寄生虫病及细菌性、病毒性传染病至今尚无有效的预防疫苗，疫苗免疫效果不十分理想。但使用特定药物却可起到较好的预防效果，例如：在球虫病高发期，在饲料或饮水中添加复方氨丙啉，可有效预防仔犬球虫病。目前常用药物添加剂有土霉素、磺胺类药等。然而，在使用药物添加剂作为犬群预防用药时，应严格掌握药物的剂量、使用时间和方法，特别是在犬宰杀前，至少应停用1周，以免药物在犬体内的残留。

(4) 消毒：消毒就是消除或杀灭外界环境中的病原体，它是通过切断传播途径来预防传染病。

消毒可分为预防性消毒、随时消毒、终末消毒等。预防性消毒是指传染病尚未发生时，结合平时的饲养管理对可能受病原体污染的犬舍、场地、用具和饮水等进行消毒，目的是切断传播途径，防止疫病发生和流行。在实际工作中应根据需要选用不同的消毒方法。一般都采用定期性预防消毒，具体方法是：每周采用药液消毒法或火焰消毒法全面消毒一次。每次犬调出或犬转舍后、产仔和分窝前，犬舍应彻底消毒一次。产犬房、隔离犬舍和病犬住院处的门前应设消毒池，并随时添加和定期更换消毒液。随时消毒是指发生传染病时，每天连续或不定期地对传染病所污染的环境、物品及病犬排泄物进行消毒。其目的是为了及时杀灭病犬排出的病原体。终末消毒是指当患传染病的最后一头病犬痊愈并解除疫情时，对凡被病犬污染的一切区域、犬舍、工具、饮具以及工作人员的工作衣、鞋等进行彻底消毒，不留后患。

犬防疫工作中常使用的消毒药品有：

①次氯酸钠（粉末）：5.5%～6.5%溶液用于犬舍、地面、水沟、粪便、运输车船、水井等消毒。

②过氧化氢（溶液）：0.2%溶液浸泡耐腐物品，0.5%溶液喷洒犬舍地面、食具，5%溶液喷洒饲料厂房及实验室。

③福尔马林（溶液，含36%甲醛）：2%～4%溶液喷洒犬舍地面、墙壁、护理用具等，1%溶液作犬体体表消毒。

④氢氧化钠（溶液）：1%～2%溶液消毒被污染的犬舍、地面、用具。消毒后隔半天以水冲洗饲槽、地面后，方可将犬牵入。

⑤石灰乳（混悬液）：10%～20%混悬液用于粉刷墙壁、犬舍，消毒地面、沟渠和粪尿等，随配随用。

⑥草木灰：20%草木灰消毒犬舍地面。

⑦苯扎溴铵（新洁尔灭）（溶液）：0.5%～1%溶液浸泡外科器械及手，擦洗犬体皮肤。

⑧煤酚皂液（溶液，含50%甲酚）：0.5～1%溶液用于冲洗子宫、阴道，1%～2%溶液用于手、皮肤、器械消毒，5%～10%溶液用于犬舍、用具、排泄物消毒。

⑨乙醇（溶液，含70%）：用于皮肤及器械消毒。

⑩碘酊（溶液，含2%～5%）：用于皮肤消毒，不可与红汞同用。

为了保证消毒效果，在消毒时应注意以下几个问题：

①根据消毒目的选择消毒药品及消毒方式。病原体在病犬体内，经各种途径向周围环境传播。掌握病原体的排出途径，有利于选择合适的消毒方式对传染源的分泌物、排泄物进行消毒。

②消毒药液的浓度配制应准确。

③保证药液接触病原体，并保持一定的接触时间。喷洒消毒液时应注意喷洒密度，最好使用喷雾器，喷洒犬活动及休息的场所（包括地面、墙壁、犬床、犬床下、围栏等处）。

④清扫与消毒相结合。消毒前先清扫，有利于暴露病原体，提高消毒效果。

（5）杀虫：许多节肢动物如虻、蚊、蜱等是犬传染病的重要传播媒介，杀灭这些动物对预防疾病的发生有重要的意义。

杀虫可分为预防性杀虫和疫源地杀虫两种。预防性杀虫，是指经常性的杀虫措施，是根据病媒昆虫生物学和生态的特点，采取各种有效方法，以达到控制和逐步消灭病媒昆虫的目的；疫源地杀虫，是指发生虫媒传染病时所采取的杀虫措施。

杀虫方法有物理杀虫法、化学杀虫法和生物杀虫法。在实际工作中常使用物理杀虫法和化学杀虫法。物理杀虫法是指用人工捕捉、高温等方法杀灭昆虫。化学杀虫法是指用化学杀虫剂杀灭昆虫，目前应用比较普遍。常用的杀虫剂有敌百虫、双甲脒乳油、氰戊菊酯、伊维菌素等，使用时应根据昆虫的种类，喷洒或注射适宜的杀虫剂。

（6）灭鼠：鼠类是多种人、畜传染病的传播媒介和传染源，可以传播的犬传染病有布氏杆菌病、钩端螺旋体病等。灭鼠对保护人、犬的健康有着重要的意义。

灭鼠方法有生态灭鼠法、器械灭鼠法、化学灭鼠法和生物灭鼠法。最常用的方法是器械灭鼠法和化学灭鼠法。在进行灭鼠时，应加强管理，防止犬偷食毒饵、死鼠，以免引起犬中毒。

（7）健全兽医管理制度：犬场的兽医管理是关系到犬养殖能否成功的关键。一个犬场无论犬的品种多么优良，设施多么高档，营养多么丰富，在饲养管理中，如不遵守兽医卫生防疫的制度，忽视兽医管理工作，最终将因疾病导致犬场倒闭，有时甚至血本无归。这并不是危言耸听，而是被实践证明了的一个客观存在的现实。因此在饲养犬、建立犬场前就必须请兽医专家论证，认真听取他们的意见，接受他们的建议，并将其严格执行到具体的工作中。只有这样，犬的养殖才能取得成功，取得较好的经济效益。

兽医管理工作是犬场管理工作的一个重要组成部分，其主要内容包括：兽医技术人员对场址及犬舍结构设置的防病要求；对引进种犬的检疫管理；对犬在犬区内流动的监督管理；对饲养管理工作中卫生防疫措施的检查；对犬群进行检疫、预防接种、药物预防，以及消毒、杀虫、灭鼠工作的管理；对病犬进行治疗、隔离、封锁、淘汰等工作的组织、实施、监督管理等。

在具体工作中，可通过健全兽医管理制度、强化兽医职责、赋予兽医检查督促权力、提高兽医待遇、调动兽医技术人员积极性等各种手段，来降低犬群发病率，提高犬群成活率，发挥兽医管理的重要作用。具体做法有：在引种、选种、繁殖等工作中，认真听取兽医人员的意见；让兽医技术人员参与犬场的日常管理，有利于及时发现并纠正诱发疾病的因素；由兽医技术人员制定出相应的兽医卫生防疫制度，如犬群巡视制度、检疫隔离制度、卫生消毒制度、预防接种制度等；给予兽医人员检查、督促的权力，确保有关制度能得到认真执行。

2. 疫病的扑灭措施

在犬发生疾病时，尤其是一些传染性强、危害大的传染性疾病（如狂犬病、犬瘟热、犬细小病毒病、犬传染性肝炎、钩端螺旋体病、犬冠状病毒病等）时，均应采取有效的措施进行扑灭，以防进一步传染，减少不必要的损失。其主要措施有隔离病犬、封锁疫区、对犬进行紧急预防和治疗、淘汰病犬等。

（1）隔离：隔离病犬及可疑病犬是防止传染病进一步蔓延的重要措施，有利于把疫情限制在最小范围内并就地消灭。为此，当犬群发生传染病时，首先要查明犬群中疫病蔓延的程度，逐头犬进行临床检查，必要时进行血清学检查和变态反应等特异检查。根据检查结果，将受检犬群分为病犬、可疑病犬、假定健康犬三群，分别进行隔离，并针对不同情况采取不同措施。如对已经患病的犬，可治疗的进行治疗，不可治疗的及早扑杀深埋或焚烧，并严格隔离和消毒。对于可疑病犬，限制其活动，并仔细观察，有条件时应立即紧急预防接种或用药保护。对于假定健康犬，亦需进行预防或根据实际情况划分小群饲养，严格消毒，以防止带入传染病原。

（2）封锁：封锁疫区目前一般难以做到，可以做到的是：不从疫区引种，不购买疫区饲料及其他可能与病犬接触的用具、器具，人员、车辆尽量不从疫区经过，不让疫区人员、车辆进入犬场。

（3）紧急预防和治疗：在发生传染病时，为了迅速控制和扑灭疫病，应对可疑病犬和假定健康犬进行免疫接种。从理论上讲，紧急预防应用免疫血清，在注射血清后1～2周再注射疫苗。但实践表明，在犬场发生犬瘟热等传染病时，立即用弱毒疫苗进行紧急接种可取得较为满意的免疫效果。在具体工作中，还应考虑到这种紧急接种的危险性，因而在实施前对犬群的组成、疾病的流行动态和疫苗的性质应有所了解，做到心中有数，并在注苗后密切观察犬的反应，以便及时采取救治措施。

对病犬的隔离治疗也是扑灭疫病的一个重要措施，应根据具体情况采用相应的治疗方法治疗病犬，以使病犬早日康复，减少损失。

（4）淘汰病犬：对一些没有治疗价值的病犬应及时淘汰，并做彻底消毒，以杜绝传染源，消灭病原体，扑灭疾病。

（三）免疫程序的建立和疫苗的使用

1. 疫苗的类型

目前在临床上使用的疫苗主要有以下几种类型。

（1）灭活疫苗：灭活疫苗又称死苗，是用物理或化学的方法处理含有细菌或病毒的材料，使其丧失感染性或毒性而保存有免疫原性，犬接种后能产生自动免疫的一种生物制品。如犬细小病毒病灭活疫苗、犬传染性肝炎灭活疫苗等。灭活疫苗又分为组织灭活疫苗和培养物灭活疫苗。其优点是无毒、安全，易于保存运输，疫苗稳定。

（2）活疫苗：活疫苗又称弱毒疫苗，是指病原微生物的自然强毒株通过物理、化学和生物的连续传代，使其对犬丧失致病力，或只引起亚临床感染，但仍保存良好免疫原性，由这样的毒株制备而成的疫苗。其优点是一次接种即可成功。

（3）单价疫苗：利用同一种微生物菌（毒）株或同一种微生物中的单一血清型菌（毒）株的增殖培养物制备而成的疫苗。单价疫苗对单一血清型微生物所致的疾病有免疫保护作用，但不能使免疫动物获得完全的免疫保护。

（4）多价疫苗：同一种微生物中若干血清型菌株的增殖培养物制备而成的疫苗。如钩端螺旋体病二价及五价菌苗。多价疫苗能使免疫动物获得完全的保护，且可在不同地区使用。

（5）混合疫苗：混合疫苗又称多联疫苗，是指利用不同微生物增殖培养物，按免疫学原理、方法组合而成的疫苗。动物接种后，能产生对相应疾病的免疫保护，具有减少接种次数、使用方便等优点，是一针防多病的生物制剂。混合疫苗又可根据实际流行病情况、微生物组合的多少，分为三联疫苗、四联疫苗等。

（6）同源疫苗：利用同种、同型或同源微生物株制备而成，而又应用于同种类动物免疫预防的疫苗。

（7）异源疫苗：用不同种微生物的菌株（毒株）制备而成的疫苗，动物接种后能获得对疫苗中不含有的病原体产生抵抗力。如犬在接种麻疹疫苗后，能对犬瘟热产生抵抗力。

（8）亚单位疫苗：微生物经物理和化学的方法处理，除去其无效的毒性物质，提取其有效抗原部分制备而成的疫苗。微生物的免疫原性结构成分包含多数细菌的荚膜、鞭毛，多数病毒的囊膜、衣壳蛋白等，经提取后制成不同的亚单位疫苗。亚单位疫苗具有明确的生物化学特性、免疫活性和无遗传物质，其免疫效果相同。

（9）基因工程苗：利用基因工程技术制取的疫苗。通常将微生物供体 DNA（脱氧核糖核酸），用限制性核酸内切酶切割，分离出携带遗传信息的 DNA 目的基因片段，然后与受体载体 DNA 相连接，实现遗传性状的转移与重新组合，再经载体将目的基因带进受体，进行正常的复制和表达，从而获得增殖培养物供制备疫苗使用。

(10) 抗独特型疫苗：根据免疫网络学说原理，利用第一抗体分子的独特型抗原决定表位制备而成的疫苗。这种疫苗可引起体液和细胞发生免疫应答，对病原体的一种表位有免疫力，可充分保护机体免受疾病侵害。

2. 疫苗的使用方法

要保证犬在接种疫苗后，产生预期的免疫效果，那么在使用疫苗（即免疫接种）时，应采用正确的免疫接种方法。疫苗的使用方法，因不同疫苗、不同免疫程序而异，通常是按厂家提供的使用方法进行免疫接种。为了保证预防接种的免疫效果，在预防接种时尤其应注意以下几个问题：

①除紧急接种外，接种的犬只应健康。犬患病（腹泻、体温异常等）时，应暂缓接种。

②接种前应驱除犬体内的寄生虫，尤其是肠道原虫。

③接种疫苗时，不能同时使用抗血清。

④怀孕母犬禁止接种活疫苗。

⑤接种时应注意检验疫苗的质量。包括疫苗瓶标签是否完整、接种剂量怎样、是否在有效期内、瓶盖是否松动或脱落。经检验达不到要求者不能使用。疫苗稀释时应按疫苗使用说明书的要求使用指定的稀释液，并稀释到规定的量。

⑥免疫接种过程中，注意消毒剂不要与活疫苗接触，针头和注射器应随时更换。如要重复使用注射用具，必须认真冲洗干净，并加以消毒干燥。

⑦仔犬的预防接种，必须严格按合理的免疫程序进行，以防母源抗体对免疫效果的影响，造成免疫失败。

3. 免疫程序的建立

根据传染病、疫苗和犬群的特点，以及犬场（舍）条件所制定的计划免疫具体实施程序，称为免疫程序。制定最佳免疫程序的目的在于用最少的人力、物力，选择最恰当的免疫时间，使疫苗接种后起到最好的免疫效果，以全面提高犬群抵抗传染病的免疫水平，最终达到控制和消灭相应传染病的目的。一个好的免疫程序不仅要有严密的科学性，而且要符合犬群的实际情况。因此，必须充分考虑下列因素，将其作为制定免疫程序的依据。

①本地区近年来曾发生过哪些传染病，发病季节，发病犬的年龄，流行的强度。

②犬本身的年龄、品种、体内的母源抗体水平。

③拟采用的生物制品（疫苗）的种类，其免疫原性、免疫持久性、免疫反应、免疫途径及过去在本地区使用的效果。

在实际建立免疫程序时，除考虑上述因素外，还应特别考虑疫苗生产厂家推荐的免疫程序，制定出适合具体犬群的免疫程序。犬主要传染病的最佳免疫程序参见表 4-1。

表 4-1　犬主要传染病推荐使用的免疫程序

犬年龄	项目	首免	第二次免疫	第三次免疫	第四次免疫
新生犬	疫苗种类	二联活疫苗	四联活疫苗	四联活疫苗	狂犬病灭活疫苗
	预防疾病	犬瘟热、犬细小病毒病	犬瘟热、犬细小病毒病、犬腺病毒病、犬副流感	犬瘟热、犬细小病毒病、犬腺病毒病、犬副流感	狂犬病
	接种犬龄（周）	6～7	8～9	10～11	13
	接种方式	皮下注射	皮下注射	皮下注射	皮下注射
	接种量	1头份	1头份	1头份	1头份
	保护期	1年			
成年犬	每年春季接种四联活疫苗和狂犬病灭活疫苗				

注：根据犬生活地疾病流行情况，选择性接种钩端螺旋体病灭活疫苗和犬冠状病毒病疫苗。

4. 免疫失败的原因及对策

在犬的防疫工作中，有时即使使用疫苗对犬进行了预防接种，但仍不能控制犬传染病的流行，即发生了免疫失败。引起犬免疫失败的原因主要有以下几个方面：

①犬体本身有免疫缺陷性疾病，在体液免疫和细胞免疫上功能失常，往往导致在疫苗注射后得不到可靠的保护。

②仔幼犬体内的母源抗体能干扰并中和疫苗病毒的抗原性，所以在制定免疫程序时应注意考虑体内的母源抗体水平，避开这种干扰。

③犬的年龄是影响犬免疫能力的一个非常重要的因素，过老、过幼的犬免疫能力都较差。

④犬的体温变化可影响犬的免疫能力，犬体温过高、过低都可能导致免疫失败。

⑤犬在患病过程中或正在使用一些免疫抑制药物时可造成免疫抑制。如患犬瘟热、犬细小病毒病等疾病，或使用糖皮质激素时，免疫功能下降，影响免疫效果。

⑥疫苗运输、保存方法不妥，使疫苗本身的效能损失，导致免疫失败。疫苗毒株与实际疾病的毒株不一，也不能有好的免疫效果。

⑦在免疫接种时，采用的免疫程序不当，或同时使用了抗血清，都可导致免疫失败。

五、传染病

1. 犬瘟热

犬瘟热是由犬瘟热病毒引起的一种急性、高度接触性传染性疾病。其特征是双相热，白细胞减少，发生急性卡他性呼吸道炎、严重的胃肠炎和脑炎。本病分布于全世界，我国是犬瘟热的多发地区，特别是近几年来，犬群中常有暴发流行，造成了很大的损失。

诊断要点

（1）本病常发生于冬春季节，特别常见于犬群密度高的地方。

（2）它主要通过病犬与健康犬接触，经消化道和呼吸道而感染。病犬和康复犬的唾液、粪、尿含病毒，可污染环境、饲料、饮水等。康复犬可获得终身免疫，但带毒时间较长。

（3）各种品种、年龄的犬都易感，但幼犬最易感。本病潜伏期为3～7天。病毒还可感染貂、狮、虎、豹等其他鼬科及猫科动物。

（4）病犬体温升高且为双相热，第二次体温升高时表现临床症状。临床症状常表现出3种类型，有时病犬只以一种类型临床症状为主。呼吸道感染型的病犬，初期精神倦怠，食欲减退，饮欲增加，鼻眼流浆液性分泌物，体温可升高到39.5℃，为双相热，体温再度升高时食欲废绝，鼻镜干裂，眼鼻分泌物为脓性（彩图1、彩图2），咳嗽，呼吸困难，甚至发生肺炎（彩图3），腹部皮肤有丘疹及脓疱（彩图4）。急性胃肠炎型的病犬，突然食欲废绝、拉稀；粪便呈粉红色黏稠、胶冻样或红褐色水样，具腥臭味；间或呕吐；病犬迅速脱水。出现神经型症状的病犬，多突然发生惊厥、尖叫、肌痉挛、昏迷，或癫痫发作；肌痉挛多见于面部，病犬多于

1～2 天内死亡；继发于呼吸道感染及急性胃肠炎之后的神经症状，主要表现为共济失调、后躯麻痹。

（5）犬瘟热常与其他病毒病、细菌病、寄生虫病并发。混合感染发生后，病犬的临床表现常变得更加复杂，在诊断时应注意鉴别。

犬瘟热病毒对上皮细胞有特殊的亲和力，病理变化十分广泛。临床症状不同，病理变化的严重程度也不一。呼吸道炎症的病犬，肺门淋巴结肿大，气管黏膜环状出血，支气管内有脓性分泌物，肺表面有散在出血点或出血灶。胃肠道症状明显的病犬，剖检可见胃肠黏膜弥漫性出血，肠黏膜脱落，肠系膜淋巴结肿大出血；膀胱黏膜，尤其是膀胱颈出血（彩图 5），胸腺有时也发生出血（彩图 6）。神经症状的犬剖检时可见脑膜有散在出血点；病理组织学检查，在多种细胞的胞浆内可见到嗜酸性包涵体（彩图 7），包涵体为圆形或卵圆形。

（6）实验室确诊本病的方法有：荧光抗体检查、中和试验、酶标抗体诊断、包涵体检查等。随着分子生物学、免疫学技术的发展，PCR（聚合酶链式反应）技术、胶体金技术广泛应用于犬瘟热的快速诊断。包涵体检查是一种常用的方法，检查时，可刮取鼻、舌、结膜、瞬膜、阴道黏膜涂片，或采取膀胱、气管、胆管等黏膜及脾、肺、脑、肾、淋巴结等组织触（切）片，用苏木素-伊红或荧光抗体染色镜检，可见到胞浆内包涵体。

（7）在诊断过程中尤其应注意和狂犬病、犬传染性肝炎、犬细小病毒病、钩端螺旋体病及弓形虫病区别。

治疗方法

犬瘟热病患犬治疗效果不佳。只有根据症状发展情况，以对症疗法和扶持疗法为主，应用循环兴奋剂、退热剂、止痛剂、解痉剂、收敛剂及足量的抗生素控制继发感染，才有可能降低死亡率。

（1）特异性疗法。在感染初期，大剂量使用免疫血清或球蛋白有一定效果；当出现明显临床症状时则无效。肌内或皮下注射犬瘟热高免血清5～10毫升，每3日1次，连用2次；也可注射犬瘟热单克隆抗体和干扰素。

（2）抗菌疗法。为控制继发性感染，可大量使用头孢唑啉钠，每千克体重15～30毫克，静脉滴注或肌内注射，每日3～4次。也可使用其他广谱抗生素，如氨苄青霉素每千克体重20毫克，静注，每日2次。还可选用红霉素、硫酸卡那霉素、硫酸庆大霉素、丁胺卡那霉素、恩诺沙星等。

（3）对症疗法。在投予抗生素的同时，用地塞米松5～20毫克肌内注射，每日1次，具有消炎和解热作用。病程长且有脱水症状的犬，大量补给葡萄糖氯化钠注射液，并加入大量维生素B和维生素C，有利于病犬恢复健康。出现神经症状的犬，每天口服苯妥英钠250～1000毫克，或安定100～200毫克，对缓解症状有一定的作用。

此外，在治疗过程中加强护理，保证病犬舒适，可有效地提高治愈率。

预防措施

（1）关键在于贯彻日常的综合性防制措施，如定期消毒、定期驱虫、禁止野犬进入饲养场，以及加强饲养管理、增强抵抗力等。

（2）定期预防接种。犬瘟热灭活疫苗免疫效果不佳，国内外多使用弱毒苗。合理的免疫程序是成年犬每年肌内或皮下注射1次，幼犬6～7周龄时首免，以后每隔15天对假定健康犬免疫1次，连续免疫3次。未吃初乳的仔犬于生后2周龄进行预防接种。

（3）犬群发现疫情后，立即对假定健康犬只注射犬瘟热活疫苗，可迅速控制疫情，减少损失。

2. 犬细小病毒病

犬细小病毒病是犬的一种急性传染病，主要危害幼犬。

诊断要点

（1）各种年龄的犬都易感，但以2～4月龄幼犬最易感，且发病率、死亡率最高。

（2）自然条件下为散发，在养犬比较集中的地方呈暴发式流行，而且传播速度快，春秋季节发病率最高。通过消化道传染。潜伏期短，一般为5～7天。

（3）本病表现两种临床综合征。肠炎综合征：病犬发热，精神沉郁，突然呕吐，腹泻，粪便呈番茄汁样、腥臭；食欲渐退至废绝，消瘦，严重脱水；血液检查可见白细胞显著减少。心肌炎综合征：发热，突然精神沉郁，呼吸困难，心力衰竭而死亡。

（4）剖检病犬可见小肠中段和后段肠腔扩张，浆膜血管明显充血、肠黏膜出血（彩图8至彩图11）。肠内容物水样、絮状或黏液状。肠系膜淋巴结肿胀、充血。

（5）实验室确诊本病的方法有：电镜检查，血凝与血凝抑制试验，荧光抗体检查，免疫酶与免疫电泳，胶体金技术，PCR技术。

（6）临床上常发生犬细小病毒与犬瘟热病毒、犬传染性肝炎病毒或犬冠状病毒混合感染，在诊断时应加以注意。

治疗方法

目前尚无特殊方法，临床上常采用以大量补液、止泻、止血、止吐、严格控制进食为原则的对症、支持、防继发感染等治疗措施。

（1）补液常用复方氯化钠或5%糖盐水，在输入的液体中可加入硫酸庆大霉素、硫酸卡那霉素或红霉素等防止继发感染；加入维生素C、肌苷、ATP（三磷酸腺苷）等，增强疗效；加入碳酸氢钠或乳酸钠溶液，纠正酸中毒。

（2）止吐解痉剂常选用硫酸阿托品（0.5～1毫克/次，皮下注射，2次/日）或盐酸氯丙嗪（每千克体重4毫克，1次/日，肌注）。

（3）止泻选用碱式硝酸铋（4～6片/次，3次/日）或思密达

(每千克体重 250～500 毫克，口服)。

(4) 止血选用安络血 (5～10 毫克/次，2 次/日，肌注) 或酚磺乙胺 (0.5～1 克/次，1 次/日，静注) 及维生素 K_3 (10 毫克/次，2 次/日，肌注)。

(5) 特异性的治疗方法可使用高免血清犬细小病毒单克隆抗体，也可使用抗病毒药，如双黄连注射液 (每千克体重 1 毫升，1 次/日，肌注)、干扰素等。改善饲养条件，注意保持犬舍干燥，保持适当温度，及时清除粪便，及时消毒，给予充足饮水，有利于病犬的康复。

预防措施

(1) 对病犬、可疑病犬要隔离观察和治疗。

(2) 对病犬舍、用具要进行消毒，并妥善处理病犬的粪尿。

(3) 康复犬可能长期带毒，故仍应禁止同健康犬接触。

(4) 定期注射犬细小病毒病灭活疫苗或活疫苗。成年犬每年 1 次。仔犬在 6～7 周龄时首免，以后每隔 15 天免疫 1 次，连续免疫 3 次。

3. 犬传染性肝炎

犬传染性肝炎是由犬传染性肝炎病毒引起的犬及其他犬科动物的一种急性败血性传染病。病原是犬腺病毒Ⅰ型。

诊断要点

(1) 发生于全世界，不分季节、性别、品种。刚断乳及 1 岁以内的幼犬最易感，新生犬感染后死亡率高，且不见前期症状。主要经消化道感染，也可经胎盘感染。病犬康复后可从尿中排毒，并持续到感染后 6 个月。

(2) 此病毒潜伏期 2～9 天。病犬体温升高达 40～41℃，持续 1～6 天，其体温变化呈马鞍形体温曲线。病犬精神不振，厌食，喜饮，发生结膜炎，出现浆液性眼鼻漏、呕吐、腹泻、腹痛、黄疸等症状，出血时间延长。全身尤其是脸部皮下水肿，恢复期约有25%的犬发生角膜混浊，出现“蓝眼”特征。

（3）剖检可见腹腔中含有血性液体或全血，肝脏肿大、边缘钝圆，且呈花斑状，特征变化是胆囊壁明显水肿。整个胃肠道都可见出血，肾充血，淋巴结肿大、出血。

（4）突然发病和出血时间延长，一般是犬传染性肝炎的征兆，但确诊依赖于特异性诊断。目前常采用的方法有荧光抗体检查、补体结合试验、酶联免疫吸附试验、琼脂扩散试验及病毒分离培养。

（5）本病早期症状与犬瘟热、钩端螺旋体病相似，应注意区别。

治疗方法

（1）早期可使用高免血清或抗病毒剂，如双黄连注射液（每千克体重1毫升，1次/日，肌注）。

（2）输血、输液、补糖、保肝及用广谱抗生素控制继发感染，有助于病犬痊愈。常用药物为5%葡萄糖盐水或10%葡萄糖、肝泰乐（0.1～0.2克/次，1次/日，肌注）、维丙胺（80毫克/次，1次/日，肌注）、蛋氨酸（2～4毫升/次，肌注）。

（3）角膜混浊常无需治疗，一般1周左右可自愈。

预防措施

（1）加强管理，定期消毒，定期驱虫。

（2）定期免疫接种，可使用灭活疫苗及活疫苗。成年犬每年1次，仔犬8～9周龄及10～12周龄分别接种1次。

4. 犬冠状病毒病

犬冠状病毒病是以轻重不一的出血性胃肠炎为临床特征的犬的一种传染病。

诊断要点

（1）高度的接触传染病。感染途径是消化道。不同性别、品种、年龄的犬均易感，仔幼犬症状明显。潜伏期为1～3天。

（2）症状轻重不一，可能呈致死性的水样腹泻，也可能无临床症状。典型症状为病犬突然食欲降低或拒食，精神沉郁，继而呕吐混有大量黏液的食糜；2～3天后出现腹泻，粪便由糊状至水样，重者为紫红色水样。病犬腹痛剧烈，常表现拱背、呻吟。腹壁松弛，腹部膨大，四肢无力，喜卧。后期则表现脱水，呼吸困难，心衰，昏睡。体温变化多不明显。

（3）剖检可见有不同程度的出血性胃肠炎变化（彩图12）。

（4）常和犬细小病毒、犬星状病毒、轮状病毒混合感染。

（5）可用电镜观察、病毒分离、荧光抗体检查和血清学检查等方法来确诊。

治疗方法

可用对症疗法，但感染不严重时常可自愈。对症疗法可参考犬细小病毒病。

预防措施

国内外尚无十分有效的疫苗，发病后依常规方法隔离消毒。

5. 犬疱疹病毒病

犬疱疹病毒病是由犬疱疹病毒Ⅰ型引起的仔犬急性致死性疾病。

诊断要点

（1）散发流行，无季节性，可在子宫内感染。成犬为无症状的带毒者，主要危害2周龄内仔犬，初生仔犬通过口、咽感染。潜伏期3～8天。

（2）2周龄以内仔犬症状较明显，精神沉郁，不爱吃奶，呼吸困难，腹痛而持续嚎叫，体温一般不升高，常在24小时内死亡。2周龄以上犬只表现轻微的鼻炎及咽炎。妊娠母犬可发生流产。

（3）剖检可见肝、肾、肺有散在的坏死和出血灶。脾充血，肺水肿，淋巴结炎。非化脓性脑膜炎。鼻、气管、支气管及卡他性炎症。

(4) 确诊本病依赖于病毒分离、中和试验及荧光抗体试验等。

(5) 应注意和犬传染性肝炎区别。

治疗方法

一旦出现症状，治疗效果不佳。保暖、加强护理可降低死亡率。

预防措施

尚无有效防疫用疫苗，可试用高免血清保护。

6. 犬传染性气管支气管炎

犬传染性气管支气管炎是由诸多病原体引起的一种传染病，又称为犬窝咳。

诊断要点

(1) 任何年龄的犬均易感，幼犬发病率高。经空气传染，有高度接触传染性，常因患有本病的病犬入侵引起暴发。寒冷、环境突变、高湿等环境因素能促发本病。潜伏期 5～10 天。

(2) 常见病原有犬副流感病毒、犬瘟热病毒、犬腺病毒Ⅰ型、犬腺病毒Ⅱ型、疱疹病毒及呼肠孤病毒。支气管败血波氏杆菌为最常见的继发感染菌。

(3) 粗厉阵发性干咳，干呕、哽噎，鼻液水样到黏脓样（彩图 13)，呼吸音粗，体温往往正常。剖检仅见呼吸道炎症变化。

(4) 确诊应做气管分泌物病毒、细菌分离。

治疗方法

无特殊治疗办法，一般采用对症疗法，如祛痰、镇咳、防继发感染。常用药物为氯化铵、可待因、头孢氨苄、磺胺类药等。本病往往是自限性的，大部分病犬可自愈。

预防措施

(1) 常规接种上述病毒病疫苗。

(2) 加强饲养管理，防寒，提高犬的体质，增强犬耐寒能力。

7. 狂犬病

狂犬病是可感染所有温血动物，包括犬、猫和人的一种病毒性疾病。由于犬一旦感染，可造成对人的危害，因此应特别重视。

诊断要点

(1) 有被狂犬、猫或狼等咬伤的病史。因患狂犬病的病犬的唾液中含有病毒，病毒进入犬体后主要沿周围神经进入中枢神经系统而致脑脊髓炎；非咬伤性感染可通过呼吸道和食入含有病毒的食物而感染。潜伏期一般为20～60天。

(2) 临床上常分为三期。前驱期：病犬行为异常，不听呼唤，轻度刺激就引起兴奋，望空扑咬，瞳孔散大，唾液增多；咬伤处发痒，常啃咬；一般持续2～3天。兴奋期：病犬狂躁不安，攻击人、畜，无目的游荡，咬伤人、畜，吠声嘶哑，吞咽困难，异嗜，惊厥；极度恐水，甚至听到水声即引起癫狂发作；一般持续1～7天。麻痹期：病犬张口，垂舌，流涎，行走摇晃，消瘦，后躯麻痹并迅速传遍全身；全身衰竭，昏迷或呼吸麻痹而死亡；一般2～4天。整个病程6～9天，少数可延至10天。

(3) 病理组织学检查，取病犬大脑海马角作触片。染色镜检，观察有无内基小体是确诊本病的依据。如有条件可用荧光抗体检查。

(4) 应注意和伪狂犬病、犬瘟热、急性脑膜炎、脑炎区别。

治疗方法

不做治疗，立即扑杀，尸体深埋或火化。

预防措施

(1) 定期进行预防注射，每年注射一次狂犬病疫苗。

（2）加强检疫。就犬场而言，对未接种疫苗的犬入境时须隔离观察几个月，并注射疫苗后方能合群。

（3）扑杀野犬。

值得注意的是，被可疑病犬咬伤后，应对伤口彻底消毒处理。最好先让伤口出血，后用肥皂水、3%石炭酸、70%酒精、3%碘酊等处理，并立即进行疫苗接种，或注射狂犬病免疫血清。

8. 伪狂犬病

伪狂犬病是由伪狂犬病病毒引起的犬、猫及其他家畜的一种急性传染病，又称阿氏病。

诊断要点

（1）常因吞食了病猪、病鼠的内脏或尸体而发病。呈散发流行，春秋季节多发。经消化道、呼吸道、皮肤黏膜伤口感染。潜伏期3～8天。

（2）奇痒症状：病犬搔抓或舐咬某一受伤处，很快产生大范围烂斑，周围组织肿胀、破损。脑脊髓炎症状：病犬精神沉郁或烦躁不安，废食，呕吐，蜷缩而卧，反射亢进或降低，流涎，吞咽障碍，两侧瞳孔大小不等。唇部肌肉痉挛，呼吸困难，常于出现症状后24～36小时死亡，致死率100%。

（3）常见皮肤损伤，脑膜充血，脑脊液增多。

（4）实验室检查是确诊本病的唯一方法，其方法有包涵体检查、荧光抗体检查、病毒分离、动物接种及电镜和免疫电镜观察。

（5）应注意和狂犬病区别：狂犬病无奇痒症状。

治疗方法

无有效的治疗方法。病犬应隔离扑杀，尸体应火化或深埋。如有条件可使用高免血清。

预防措施

（1）肉制品煮熟后饲喂。

（2）灭鼠，严禁病犬吞食死鼠。

（3）目前还没有合适的疫苗可供使用。

注意：本病对人也有一定的危害，感染后皮肤剧痒，通常不会引起死亡。

9. 结核病

结核病是由结核分枝杆菌引起的人、犬及其他家畜和野生动物共患的一种慢性传染病。

诊断要点

（1）患结核病的人、牛、猫等是犬结核病的传染源。本病主要通过呼吸道、消化道传染。犬舍潮湿、拥挤，犬疲劳、营养不良、患其他肺部感染都可诱发本病。潜伏期长短不一，十几天、数月以至数年，因犬健康、营养状况，管理情况及犬品种、年龄等不同而异。病程较长。

（2）犬在结核病初期，全身症状不太明显，仅表现食欲异常，易疲劳虚弱，以后则出现进行性消瘦，精神不振，表情悲苦。结核病灶发生的位置不同，表现出的症状也不同：肺结核病犬表现咳嗽，病初为短的干咳，后期咳出的痰液为黏液脓性；腹部器官结核病犬表现为消化功能紊乱、消瘦和贫血；子宫结核病犬表现为腹围扩大，从子宫中可采得混有血丝的微黄色屑粒状渗出物；皮肤结核病犬表现为边缘不整齐、基底有无感觉的肉芽组织构成的溃疡，多发生于喉头部和颈部，有时瘘管与软化的淋巴结或有些骨骼相连。

（3）以各种组织器官形成肉芽肿和干酪样钙化结节为特征。组织学上，可见到结核病灶中央常发生坏死，并被炎性浆细胞及巨噬细胞浸润。病灶周围常有组织细胞及成纤维细胞形成的包膜，有时中央部分发生钙化。在包囊组织的细胞及上皮样细胞内常可见到具有抗酸染色性的短链状或串珠样结核杆菌。

(4) 犬群出现不明原因的渐进性消瘦、咳嗽、肺部异常、顽固性下痢、体表淋巴结肿胀等症状时，可作为怀疑的依据。必要时进行微生物学检验。

治疗方法

为了消灭传染源，对于开放性病犬以及结核菌素反应阳性的犬只，一般采取扑杀措施。对被污染的场地、工具等物品进行彻底消毒。对有种用价值的犬，可试用卡介苗进行预防。

10. 布氏杆菌病

布氏杆菌病是由布氏杆菌感染而引起的人、犬共患的疾病。主要引起犬的流产、不育和多种组织的局部炎症，多为隐性感染。

诊断要点

(1) 主要传染源是病犬和带菌犬。最危险的是受感染的妊娠母犬，它们在分娩和流产时，大量布氏杆菌随着胎儿、胎水和胎衣排出。流产后的阴道分泌物及乳汁中都含有布氏杆菌。主要传播途径是消化道。口腔黏膜、结膜和阴道黏膜为最常见的侵入门户。消化道黏膜、皮肤创伤亦可使病原菌侵入体内引起感染。由于患病公犬的精液中含有大量的病原菌，因而在交配时可将此病传染给受配犬。

(2) 本病大多为隐性感染，以不发热、体表淋巴结肿大为特征。由犬布氏杆菌引起的流产发生在妊娠 40～50 天时，流产后阴道长期流出分泌液，分泌物的颜色为淡褐色或灰绿色。犬淋巴结肿大，出现脾炎和长期的菌血症，但下次发情时又能顺利受孕。公犬可能有副睾炎、前列腺炎、睾丸萎缩及淋巴病变和菌血症，也可能导致两性不育。另外，病犬除发生生殖系统症状外，还可能发生关节炎、腱鞘炎，有时出现跛行。

(3) 隐性感染病犬一般无明显的肉眼及病理组织学变化，或仅见淋巴结炎。临床症状较明显的病犬，剖检时可见关节炎、腱鞘炎、骨髓炎、乳腺炎、睾丸炎、淋巴结炎的变化。

(4) 怀孕犬发生流产或母犬不育时可怀疑本病。确诊应结合流行病学资料、临床症状、细菌学检查及血清学检查进行综合诊断。细菌学检查可取流产胎衣、胎儿胃内容物或有病变的肝、脾、淋巴结等组织材料，制成涂片，以鉴别染色法染色镜检，见到红色细菌可确诊。血清学检查包括试管凝集试验、补体结合反应等。

治疗方法

可采用抗生素疗法。常用土霉素（每千克体重 20 毫克，3 次/日，口服）、硫酸庆大霉素（每千克体重 12～40 毫克，3 次/日，口服）、硫酸阿米卡星（每千克体重 5～10 毫克，2 次/日，肌注）等，同时应用维生素 C、维生素 B_1 等，则效果更好。

预防措施

(1) 对犬群定期进行血清学检查，最好每年进行两次。阴性者作为种用。

(2) 尽量自繁自养。新购入的犬必须进行检疫。

(3) 种公犬配种前进行检疫，确认健康后方可参加配种。

(4) 做好犬舍及环境的消毒工作。

(5) 发现病犬立即隔离或捕杀。

3 种主要布氏杆菌对犬经常是隐性感染，从而成为人的传染源。传染途径是食入、接触和吸入，而在病犬流产和分娩之际是感染机会最多的时期。因此，作为兽医、与犬接触密切的人员及实验室工作人员，均应做好自身防护。

11. 沙门菌病

沙门菌病是由沙门菌属细菌引起的人和动物共患疾病的总称。

诊断要点

(1) 传染源为患病的动物，污染的饲料与饮水，空气中含菌尘埃，隐性带菌犬。传播途径为消化道及呼吸道。健康犬可以携带多种血清型沙门菌。

（2）病犬临床症状的严重程度取决于年龄、营养状况、免疫状态、有无应激、感染细菌的数量、有无并发症等。仔幼犬临床上常表现为败血型。病犬体温升高，精神沉郁，厌食，呕吐，腹泻，粪便为水样及黏液样，严重时出现血便，迅速脱水后体温降低，全身衰竭死亡。

（3）剖检变化为胃肠黏膜水肿，出血，溃疡，肝、脾肿大，肠系膜淋巴结肿大出血，肾肿大出血等。

（4）取粪便、血液，肝、胆囊、肾等内脏器官，依一定程序分离、培养、鉴定，可确诊本病。

治疗方法

（1）抗菌药物治疗。可选用氨苄西林钠（0.5～1克/次，1～2次/日，肌注），阿莫西林（每千克体重15毫克，2次/日，口服），头孢氨苄（每千克体重20～40毫克/日，分3～4次肌注）。

（2）支持、对症治疗。可强心，保护肠黏膜，止血，纠正脱水及电解质紊乱。

12. 波氏杆菌病

波氏杆菌病是由支气管败血波氏杆菌引起的犬的慢性呼吸道疾病。

诊断要点

（1）散发流行，犬群集中地可呈暴发式流行。经空气由呼吸道感染，仔犬发病率高。犬舍潮湿、拥挤，犬缺乏蛋白质、矿物质和维生素是发生本病的诱因。

（2）病犬咳嗽，早晨尤为明显，病程一般为1～2周。若无继发感染多能康复。

（3）常和其他呼吸道病毒混合感染，使犬表现明显的气管支气管炎。

(4) 确诊本病依赖于实验室检查，分离病菌（彩图 14）。

治疗方法

(1) 抗生素治疗，可选用硫酸卡那霉素（每千克体重 20～40 毫克，1 次/日，气管内注射）、硫酸阿米卡星（每千克体重 5～10 毫克，2 次/日，肌注）、硫酸庆大霉素（4 万～8 万/次，2 次/口，肌注）。有条件时，可根据药敏试验，选用合适抗生素。

(2) 加强饲养管理，增强犬体抵抗力，尤其注意防寒保暖。

预防措施

改善饲养条件，控制犬群密度，如有条件可接种相应疫苗。

13. 肉毒梭菌毒素中毒

肉毒梭菌毒素中毒是指犬因食入肉毒梭菌毒素而引起的急性致死性疾病。

诊断要点

(1) 发病率低，自然发病主要原因是犬食入腐败尸体及有毒素污染的饲料、饮水。经口感染。多见于夏季。潜伏期一般为 4～20 小时。

(2) 其症状的严重程度因摄入毒素的量及个体易感性的不同而异。初期症状为进行性、对称性肢体麻痹，一般从后肢向前肢延伸，而后四肢瘫痪，但尾巴仍可摆动。病犬反射减弱，肌肉张力减退，瞳孔散大，反应迟钝，但体温、意识正常。下颌下垂，吞咽困难，流涎。病情严重时呼吸困难，心率快，终因呼吸麻痹而死亡。

(3) 剖检无明显变化。

(4) 确诊需在可疑饲料、病死动物尸体、动物血清及肠内检查到肉毒梭菌毒素。

(5) 应注意和狂犬病、伪狂犬病、脑脊髓炎区别。

治疗方法

(1) 抗毒素治疗。注射 C 型抗毒素。

（2）对症治疗。洗胃，深部灌肠，投服泻剂等。

预防措施

严禁食用腐肉，饲料应煮沸。

14. 钩端螺旋体病

钩端螺旋体病又称密螺旋体病、传染性黄疸、血色素尿症、犬伤寒等，是由犬钩端螺旋体及出血黄疸钩端螺旋体引起的犬的一种疾病。

诊断要点

（1）地方性流行，散发。主要经皮肤、黏膜、消化道传播。交配、咬伤、食入病原体均可感染本病，有时也可经胎盘垂直传播。病犬从尿中排出病原体污染环境。本病流行有明显季节性，一般夏季和早秋季节多发。饲养管理好坏与本病发生有密切关系。潜伏期一般为 5～20 天。

（2）病犬感染出血黄疸钩端螺旋体时，突然体温升高，严重呕吐，尿量减少，呈胆汁色；黏膜黄色，皮肤、黏膜可能出血（彩图 15）；病犬迅速脱水，呈虚弱状态。犬感染犬钩端螺旋体时，表现呕吐、血性腹泻等严重症状。腹痛，口腔黏膜发生溃疡，舌坏死甚至腐烂。脱水，口内发出与腐败尿液类似的气味。急性发病死亡率高达 60%～80%。

（3）剖检变化可见皮肤、皮下组织、浆膜、黏膜黄染（彩图 16），心、肺、肾及黏膜出血。肝肿大，黄棕色。

（4）确诊本病时应进行病原体镜检、培养及血清学试验。

（5）应注意和犬瘟热、犬传染性肝炎、弓形虫病、大黄曲霉毒素中毒病等进行鉴别诊断。

治疗方法

（1）抗生素治疗。青霉素（每千克体重 4 万～8 万单位，2 次/日，肌注），链霉素（每千克体重 10～15 毫克，2 次/日，肌注）。

(2) 对症治疗。保肝，保护肠黏膜，纠正水、电解质失衡。

预防措施

(1) 加强卫生、消毒、灭鼠工作，保护水源和饲料不受污染。

(2) 定期检疫，发现病犬及时隔离治疗。

(3) 定期接种钩端螺旋体病二价疫苗。

15. 附红细胞体病

附红细胞体病是由附红细胞体寄生于犬红细胞而引起的一种散发性、热性、溶血性疾病。

诊断要点

(1) 蜱、虱、蚤等吸血昆虫是本病的传播媒介，也可经子宫内传染。夏季发病率高，多呈隐性经过，仔幼犬易感。潜伏期一般为6～10天。

(2) 一般不引起症状。严重感染的病犬体温可升高到41.7℃，厌食，精神沉郁，可视黏膜苍白、黄染，有时有血色素尿。

(3) 通过血液涂片姬姆萨染色镜检，见红细胞表面有淡红色或淡紫红色的附胞体即可确诊。此外，补体结合试验、间接血凝试验、荧光抗体检查均可用于诊断本病。

治疗方法

主要应用药物治疗，可用土霉素（每千克体重20～30毫克，2次/日，口服）、盐酸四环素（每千克体重3～5毫克，2次/日，口服）。

16. 隐球菌病

隐球菌病是由新型隐球菌引起的犬的霉菌病。

诊断要点

(1) 散发流行，犬群集中地可群发。经呼吸道或消化道传染，各品种、年龄犬均可发生。

(2) 根据侵害的部位不同，临床症状各异。呼吸道症状为脓性鼻漏，体温升高，咳嗽，鼻腔及咽部肿胀。神经症状为共济失调，转圈，跛行，感觉过敏，有时失明。皮肤症状有结节、丘疹或脓肿，破溃后流出脓血。

(3) 剖检可见侵害部位的脓肿。

(4) 只有病原性真菌检查才是确诊的依据。菌体检查方法有两种：一是直接镜检，即取病变部位组织，用吲哚染色后镜检，在菌体周周可见明显荚膜存在；二是菌体培养，即取病料置于萨布罗葡萄糖培养基上，在37℃下培养，可见白色或略带黄色半流体状菌落形成。

(5) 应注意和脓皮病、淋巴肉芽肿、念珠菌病区别。

治疗方法

(1) 药物治疗，可用两性霉素B（每千克体重0.05～1毫克，用5%葡萄糖稀释后静滴），或与5-氟胞嘧啶联合应用。大多数预后不良。

(2) 手术截除病部。

六、寄生虫病

寄生虫病是犬常见的一类疾病。许多寄生虫是属于人、犬共患的，因而寄生虫病不但对犬健康而且对人的健康也有很大影响。犬寄生虫病的预防应采取综合性防制措施。实际工作中较常采用的综合性防制措施主要有：加强饲养管理，提高犬的抗病力；搞好环境、饮食、犬体卫生，加强粪便管理，注意消毒，杀灭中间宿主，防止寄生虫寄生和传播；根据驱虫计划，定期驱虫；经常普查，及时发现，及时治疗。

1. 蛔虫病

蛔虫病是由犬弓蛔虫和狮弓蛔虫（图 6-1）寄生于小肠和胃引起的疾病。

诊断要点

（1）主要经消化道途径传播，母犬妊娠时如感染蛔虫，则幼虫能通过胎盘使胎犬感染。在仔犬出生 2 日后，幼虫进入肠壁。

（2）1～3 月龄仔犬最易感，仔犬 20 日龄即可表现蛔虫病症状。狮弓蛔虫主要寄生于 6 月龄以上的犬（彩图 17）。

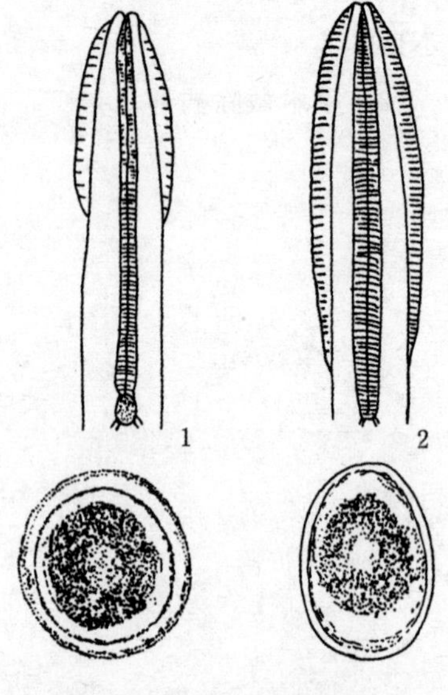

图 6-1　蛔虫头部及虫卵

1. 犬弓蛔虫　2. 狮弓蛔虫

(3) 病犬消瘦，黏膜苍白，食欲不振，呕吐，有时发生异嗜，先腹泻后便秘。被毛粗乱、无光泽，有时出现神经症状（癫痫样痉挛）。

(4) 仔幼犬生长发育迟缓，腹部膨大，大量寄生虫可引起肠梗阻，有时经粪便自然排出。

(5) 犬弓蛔虫有大的颈翼，雄虫长5～10厘米，有尾翼；雌虫长5～18厘米，阴门在虫体前半部开口。狮弓蛔虫颈翼较窄，雄虫长20～70毫米，有尾翼，上有许多的细纹；雌虫长22～100毫米。

(6) 饱和盐水漂浮法、直接涂片法，均可检查粪便中的虫卵。犬弓蛔虫虫卵大小为（65～68）微米×（64～72）微米（彩图18），狮弓蛔虫卵大小为（75～85）微米×（60～75）微米。

治疗方法

用盐酸左旋咪唑（每千克体重10毫克，口服）、阿苯达唑（每千克体重10毫克、口服）驱虫。

预防措施

(1) 定期驱虫。仔犬20日龄首次驱虫，1～8月龄每月驱虫1次。成年犬，每年驱虫2次。平时根据粪检结果及时驱虫。对仔犬驱虫的同时，也对哺乳母犬驱虫，可获较好的效果。

(2) 保持环境、食具、食物的清洁，及时清除犬舍内粪便。

2. 钩虫病

钩虫病是由犬钩口线虫、窄头钩口线虫、巴西钩口线虫（图6-2）寄生于小肠引起的疾病。

诊断要点

(1) 犬钩虫经消化道或皮肤进入犬体内，犬钩虫也可经妊娠母犬胎盘进入体内。

(2) 多见于气候温暖的地方，我国西北、华东、中南等地广泛流行。虫体主要为犬钩口线虫。

(3) 病犬拉稀，粪中混有血色黏液，衰弱，消瘦，贫血，水肿，消化功能紊乱，食欲不振（彩图19）。

(4) 幼犬发育障碍，黏膜苍白，被毛干燥、粗乱。死前显著衰弱，有时皮肤发痒，导致皮炎。

(5) 血液学检查。先出现急性正红细胞和正色素性贫血，然后表现为低色素性和小红细胞性贫血。

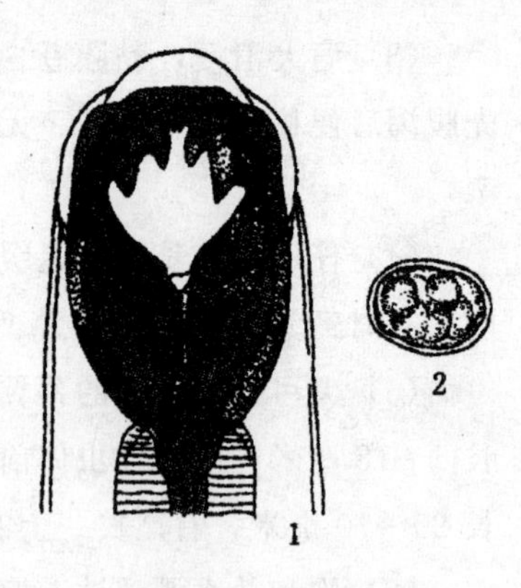

图 6-2　犬钩虫

1. 头端　2. 虫卵

(6) 新鲜粪便用饱和盐水漂浮法检查，易检到虫卵。其特征是卵壳薄，椭圆形，虫卵大小为（50～65）微米×（37～43）微米。

治疗方法

(1) 驱虫，可用盐酸左旋脒唑（每千克体重10毫克，口服，隔日1次，连续2次）、阿苯达唑（每千克体重10毫克，口服）。

(2) 增强营养，补充钙质，饲喂高蛋白质饲料，增喂右旋糖酐铁。

预防措施

(1) 母犬配种前检查粪便，应在无钩虫感染时配种。

(2) 及时冲洗犬舍，保持舍内干燥。

(3) 药物预防。怀孕犬投服阿苯达唑，可避免其胎儿感染钩虫和蛔虫。

(4) 免疫预防。使用经放射处理过的幼虫疫苗，可有效地预防幼犬发生钩虫病。

3. 绦虫病

绦虫病是由假叶目和圆叶目的各种绦虫（彩图20，图6-3、图

6-4）寄生于消化道引起的疾病。

诊断要点

(1) 病犬有吞食含中绦期囊尾蚴的肉或污染饲料的病史。

(2) 病犬轻度感染时常无明显临床表现，只经常出现不明原因的腹部不适。

(3) 大量感染时，病犬贫血，消瘦，腹泻，消化不良，以致交替发生便秘和腹泻。高度衰弱。虫体成团时，亦能堵塞肠管，导致肠梗阻、套叠、扭转甚至破裂。

(4) 病犬粪便中常见有米粒大小的白色附着物（彩图 21）。

(5) 用饱和盐水漂浮法检查虫卵。

(6) 在显微镜下观察孕节，区别各种绦虫。

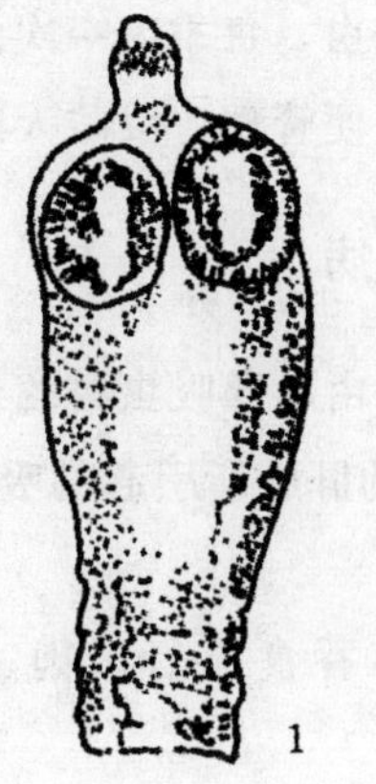
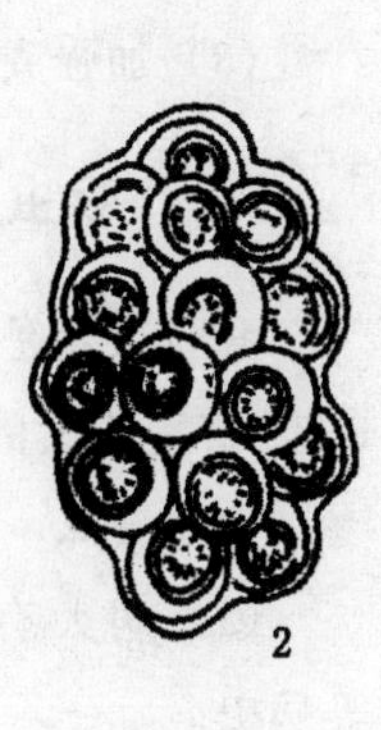

图 6-3　犬复孔绦虫
1. 头节　2. 储卵囊

图 6-4　曼氏叠宫绦虫
1. 成熟节片　2. 虫卵

治疗方法

可用以下药物驱虫：吡喹酮（每千克体重 2.5～5 毫克，口服），氢溴酸槟榔碱（每千克体重 2 毫克，口服，投服前停食 16～18 小时），氯硝柳胺（每千克体重 80～100 毫克，口服，细粒棘球感染者可投服 4 倍治疗量），硫双二氯酚（每千克体重 200 毫克，口服），槟榔合剂（每千克体重 5 毫克，口服）。

预防措施

(1) 加强饲养管理，保持犬舍清洁。

（2）定期驱虫，每季度一次。

（3）加强粪便管理，以防人感染。

4. 肝吸虫病

肝吸虫病是由后睾吸虫科的各种吸虫（主要为华支睾吸虫，图6-5）寄生于犬的肝脏所引起的吸虫病。

诊断要点

（1）病犬有吞食流行区肉、鱼、虾等病史。

（2）轻症时没有症状。严重感染时，病犬腹泻，全身无力，食欲不振，肝脏肿大，触诊时肝表现有结节。后期显著消瘦，出现黄疸、肝硬化、继发腹水等症状。

（3）病程长，症状发展缓慢。

（4）血液学检查，可见红细胞减少，血红蛋白降低，嗜酸性粒细胞增加。

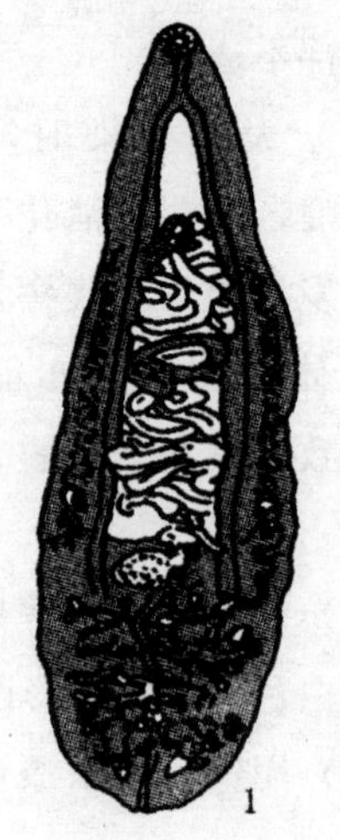

图 6-5　华支睾吸虫

1. 成虫　2. 虫卵

（5）用水洗沉淀法或乙醚蚁醛法检查粪便，可见虫卵。虫卵呈黄褐色，平均大小为29微米×17微米，形似灯泡，内含毛蚴，顶端有盖，盖的两旁可见肩峰样小突起，虫卵底端有一个小突起。

（6）剖检时可见胆道内有虫体寄生，虫体呈扁平柳叶状，透明，长10～25毫米，宽2～5毫米，口吸盘大于腹吸盘，两者相距较远，两条盲肠直达虫体后端。两个大而呈树枝状的睾丸前后排列于虫体后部，卵巢呈分叶状、位于睾丸之前，卵黄腺分布于虫体中部两侧，子宫呈管状盘绕于卵巢之前，直至腹吸盘缘的生殖孔。

治疗方法

用吡喹酮（每千克体重30毫克，1次口服）、六氯对二甲苯

（每千克体重 20 毫克，3 次/日，口服，连续 5 天，总剂量不得超过 25 克）驱虫。

预防措施

（1）定期检查粪便，及时治疗。

（2）不用生的或未煮熟的鱼虾喂养犬只。

5. 肺吸虫病

肺吸虫病是由并殖吸虫（图 6-6）寄生于犬的肺脏、胸膜和气管中引起的一种吸虫病，又称并殖吸虫病。

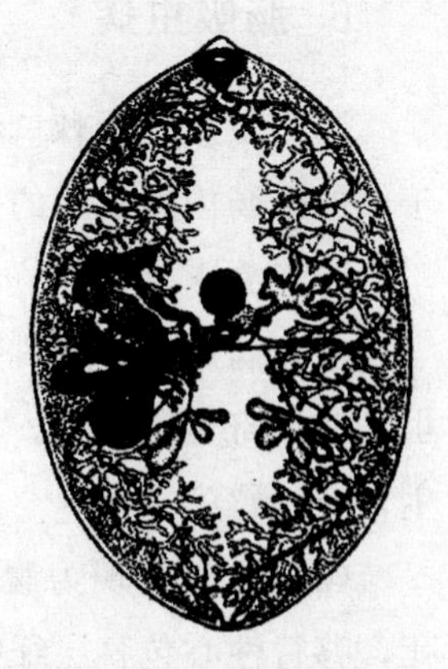

图 6-6　卫氏并殖吸虫

诊断要点

（1）病犬处于流行区，或具有吞食流行区蟹、虾的病史。我国本病主要流行于浙江、台北、东北地区。

（2）病犬咳嗽，早晨剧烈，由干咳转为湿咳，气喘。肺部有异常呼吸音，鼻液为铁锈色或棕褐色。幼虫移行时，若虫体进入脑部，则病犬表现为兴奋性降低，共济失调，癫痫或瘫痪。有时病犬表现为体温升高，腹痛，腹泻，大便呈黑褐色。

（3）取病犬粪便、痰液，寻找虫卵。虫卵呈金黄色，卵圆形，大小为（80～118）微米×（48～60）微米，有时可看到卵盖，卵壳厚薄不均。卵内含有 1 个卵细胞及 10 余个卵黄细胞。

（4）虫体检查。剖检时可在胸膜、气管、肺中见到虫体。腹吸盘在体前部，肠管波浪状、伸至虫体末端。睾丸分支，并列；卵巢分支，在睾丸之前。生殖孔在腹吸盘后缘，卵黄腺发达。常见虫体为卫氏并殖吸虫、大平并殖吸虫、临床并殖吸虫。

治疗方法

用硫双二氯酚（每千克体重 50～100 毫克，1 次/日或 1 次/2

日，连续 10 次）、吡喹酮（每千克体重 50 毫克，1 次口服）、硝氢酸（每千克体重 3～4 毫克，1 次口服）驱虫。

对症治疗，如镇咳、止血、镇惊等。

预防措施

（1）流行区定期普查。

（2）禁止以生的蟹、虾等做犬的饲料。

6. 肠吸虫病

肠吸虫病是由棘口科棘隙属、外隙属及棘口属的多种吸虫寄生于犬的小肠内所引起的一种吸虫病。

诊断要点

（1）病原为异形科吸虫、棘口科吸虫、斜睾科吸虫、同盘科吸虫。病原寄生于小肠。淡水卷贝、鱼类、两栖类为虫体的中间宿主，经口感染。

（2）临床表现为腹痛并拉黏液样粪便，腹部压痛，肠黏膜坏死，移行性心包膜层纤维化，嗜酸性的细胞显著增多，顽固下痢。

（4）水洗沉淀法检查虫卵，可确诊本病。

治疗方法

用吡喹酮（每千克体重 2.5～5 毫克，1 次口服）驱虫。

7. 血吸虫病

血吸虫病是由日本分体吸虫（图 6-7）寄生于静脉及肠系膜静脉内引起的一种人、畜共患吸虫病。

诊断要点

（1）病犬有处于流行区或接触流行区污水的病史。我国此病分布于浙、苏、皖、沪、赣、闽、粤、桂、云、川、湘、鄂、台等地。

（2）病情较轻时无临床表现，一般呈慢性经过。严重感染时，病犬消瘦，腹泻，可视黏膜苍白，有时黄染。消化紊乱，食欲不振，粪便带黏液，甚至血液。病后期出现腹水。

(3) 血液学检查，可见贫血变化及肝硬化，如红细胞减少，红细胞压积降低，血红蛋白降低，碱性磷酸酶升高，谷丙转氨酶升高，血清白蛋白减少。

(4) 肝表面有灰白色至灰黄色虫卵结节，脾肿大或皱缩硬变。直肠黏膜面有溃疡、瘢痕和灰黄色结节。

(5) 粪便中可查出虫卵，虫卵大小为(70～100)微米×(50～80)微米，椭圆形，淡黄色，壳薄，壳的一侧有一小棘，无卵盖。卵内含毛蚴，毛蚴与卵壳之间有卵黄膜。

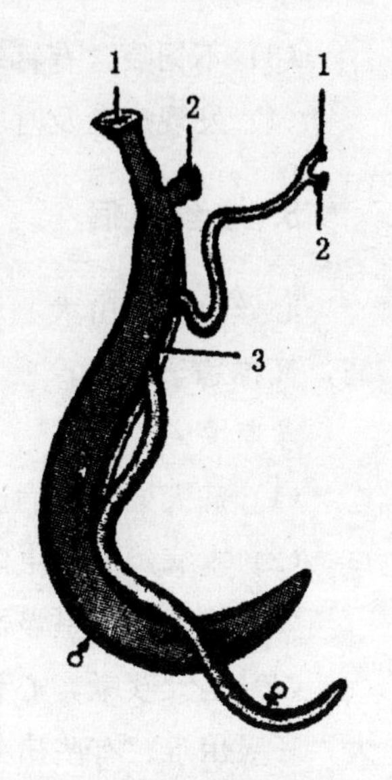

图6-7 日本分体吸虫（雌雄合抱）

1. 口吸盘　2. 腹吸盘　3. 抱雌沟

(6) 在静脉和肠系膜静脉内可发现虫体。虫体线状，雌雄合抱。肠管在后部联合成1支。雄虫长12～20毫米，有睾丸6～8个。雌虫长15～26毫米，卵巢圆筒形，位于两肠管之间。

治疗方法

(1) 用20%六氯对二甲苯溶液（每千克体重30毫升，1次/日，肌注，5日为1疗程），吡喹酮（每千克体重20毫克，每日2次，连用4天）、硝硫氰胺（每千克体重1.5毫克，配成2%混悬液口服）驱虫。

(2) 对症疗法。纠正脱水，增强犬体营养，补充造血物质。

预防措施

(1) 犬粪集中处理，杀灭虫卵。

(2) 禁止犬饮用疫水。

(3) 不饲喂含有钉螺的饲料。

(4) 发现病犬及时驱虫。疫区犬群，定期普查。

8. 心丝虫病

心丝虫病是由犬心丝虫寄生于犬的右心室及肺动脉引起的疾病，又称恶丝虫病。

诊断要点

(1) 病犬处于本病流行区，我国多数地区均有本病发生。

(2) 本病经心丝虫阳性蚊虫叮咬而传染。

(3) 病程长，呈慢性经过。

(4) 病犬咳嗽，心悸亢进，脉细而弱，心内有杂音，腹围增大，呼吸困难。有些病犬突然发生死亡，或表现癫痫样神经症状。病犬常有耳廓基底皮肤剧痒表现，有丘疹，多发性灶状结节，结节常提示血管中心有化脓性肉芽肿炎症。外耳道内也可能发生小结节、水疱等。

(5) 剖检可见有腹水、肝肿大、右心肥大、心室扩张等病变。在右心室外或肺动脉内，可找到虫体。虫体白色细长，雄虫长12～18 厘米，尾部短而钝，多数后端呈螺旋状弯曲，有小侧翼膜和带柄的乳突 4～6 对，交合刺 1 对。雌虫长 25～30 厘米，尾端直，阴门位于食道稍后方。

(6) 血液检查除可见贫血及嗜酸性粒细胞增多外，可见蛇行和环行运动的微动蚴。检查方法是：取血液 1 毫升加 7%醋酸溶液或1%盐酸溶液 5 毫升，离心 2～3 分钟后，去除上清液，取沉淀物，可见微动蚴。微丝蚴长 218～329 微米。

治疗方法

(1) 用以下药物驱虫：吡喹酮（每千克体重 50 毫克，1 次口服）：枸橼酸乙胺嗪（每千克体重 10～20 毫克，内服，连用 1 周），二硫噻啉（每千克体重 22 毫克，1 次/日，口服，连用 10～20

天)，菲拉松（每千克体重1毫克，3次/日，口服，连用10天），伊维菌素（每千克体重0.4毫克，1次皮下注射）。

（2）对症疗法。在驱虫的同时应注意给病犬强心、利尿药物，加强营养。

预防措施

（1）坚持卫生消毒，灭蚊灭蝇。

（2）搞好犬体及犬舍卫生。

（3）疫区应定期检查。坚持及时驱虫治疗。

9. 鞭虫病

鞭虫病是由毛首线虫属狐鞭虫（图6-8）寄生于犬的大肠（主要是盲肠）引起的寄生虫病。

诊断要点

（1）病犬常因食进侵袭性虫卵而感染。此病常见于吉林省、上海市、台湾省。

（2）轻度感染病犬常不表现症状。严重感染犬，可见体温升高，腹泻，粪便带血，消瘦，食欲下降。仔幼犬严重感染时，发育障碍，贫血，甚至死亡。

（3）用饱和盐水漂浮法检查粪便中的虫卵，虫卵呈小桶状，两端有盖。卵壳厚。

图6-8 狐鞭虫

1. 雄虫 2. 雌虫

（4）剖检时于大肠内可发现虫体。虫体长40～70毫米，前段细长，后段短粗，前后之比为3∶1。

治疗方法

用阿苯达唑（每千克体重10毫克，口服）、苯丙咪唑（每千克体重5毫克，1次口服）、盐酸左旋咪唑（每千克体重10毫克，口服）驱虫。

预防措施

（1）保持饲料、饮水卫生。

（2）加强犬粪管理，堆放发酵。

（3）疫区定期检查，定期驱虫。

10. 肾膨结线虫病

肾膨结线虫病是由肾膨结线虫寄生于犬肾脏引起的疾病，又称巨大肾虫症。

诊断要点

（1）病犬生活在疫区，或有吞食被感染的鱼、贫毛环节动物等病史。在我国本病主要发生在江苏、浙江、吉林、贵州等地。

（2）病犬感染初期无临床症状，体内寄生虫发育成熟时病犬出现血尿、尿频、不安、腹泻、体重迅速减轻（常在数周内下降1/3～1/2）等症状。

（3）X线检查，有时可见肾内或腹腔内有虫体阴影。

（4）收集病犬尿液，可发现虫卵。虫卵椭圆形，棕黄色，壳厚，表面不光滑，大小为（60～84）微米×（39～52）微米。

（5）剖检时，除可见腹腔积液、腹膜炎、肾脏坏死、肝萎缩等变化外，可在肾脏或腹腔内找到虫体。虫体呈血红色。雄虫长14～45厘米，交合伞呈帽状，无肋或乳突支撑。交合刺单根，长5～6毫米。雌虫长20～103厘米。

治疗方法

（1）早期可手术摘除虫体。

（2）用伊维菌素（每千克体重0.4毫克，1次皮下注射）驱虫。也可试用咪唑类等抗虫药。

预防措施

主要是防止犬吞食生鱼或其他中间宿主。

11. 狼旋尾线虫感染

狼旋尾线虫感染是由狼旋尾线虫侵入食道、胃壁及主动脉壁内引起的疾病，又称食道虫病、血色食道虫病。

诊断要点

（1）病犬有吞食中间宿主（甲虫）或转运宿主（禽类、啮齿类）的病史。幼虫经胸及动脉壁移行，一般停留3个月，最后到达寄生部位。发育成熟，感染后5～6个月虫卵随粪便排出。

（2）感染犬多不表现临床症状。病情严重时，病犬吞咽困难，食后反复呕吐，大量流涎、消瘦，常同时并发脊椎炎或骨关节病。少数病犬因虫体损伤主动脉，使血液流入胸腔，突然死亡。

（3）剖检可见胸主动脉瘤。虫体呈鲜红色，螺旋形卷曲，长30（雄）～80毫米（雌）。虫体周围有大小不等的肉芽肿。食道内瘤常发生转移，肉芽肿可出现在肺、气管、纵隔、胃壁，甚至其他部位。

（4）X线检查、钡剂造影可发现食道有浓密的阴影块。

（5）胃镜检查可直接观察到食道及胃壁的结节或成虫。

（6）用饱和硝酸钠或硫酸锌溶液漂浮，可发现特征性虫卵。虫卵大小为（30～37）微米×（11～15）微米。

治疗方法

用枸橼酸乙胺嗪（每千克体重10毫克，1次/日，口服，长期服用）、六氯对二甲苯（每千克体重100～150毫克，1次/日，口服，连服7～10天）、伊维菌素（每千克体重0.3毫克，1次皮下注射）驱虫。

预防措施

（1）加强饲养管理，禁止犬采食甲虫、青蛙、老鼠等。

（2）流行地区不应饲喂生鸡肉碎屑。

12. 眼虫病

眼虫病是由吸吮线虫属东洋眼虫引起的犬的眼部寄生虫病。

诊断要点

（1）病原为东洋眼虫，中间宿主为花斑颚蝇。当花斑颚蝇吸吮犬眼泪时，虫体从花斑颚蝇口中飞出寄生于犬的结膜囊和瞬膜下。

（2）病犬感染初期结膜充血，眼球湿润，怕光，流泪，呈急性结膜炎症状。后期眼部有黏液脓性分泌物，结膜有米粒大的滤泡肿。重症犬出现眼睑黏合、眼睑炎、角膜混浊、角膜溃疡等。

（3）眼部滴入2～3滴盐酸普鲁卡因，经5～10秒钟后，翻转瞬膜可见活动的乳白色眼虫（彩图22）。

治疗方法

用眼科球头镊子取出完整虫体，并涂抹抗生素软膏。

13. 类圆线虫病

类圆线虫病是由粪类圆线虫寄生于犬小肠黏膜引起的寄生虫病。

诊断要点

（1）病原虫卵可穿透皮肤，也可经口腔黏膜感染宿主，再经血液移行入肺或咳出、咽下，最后到达肠道，开始成虫生活。感染后7～10天从粪便中排出幼虫。

（2）病犬腹泻粪便带有血丝黏液，且消瘦，生长发育不良。病情严重时，呼吸浅表，体温升高，预后不良。

（3）常发生于天气炎热的多雨季节，仔幼犬发病率高，症状重。

（4）剖检时肺部有大块实变区，小肠黏膜出血，黏膜脱落，混有大量黏液性分泌物。寄生虫体仅为雌虫，虫体细长，大小为

(2.0～2.5）毫米×（0.03～0.07）毫米，口囊小，食道很长，圆柱形，无食道球。

治疗方法

用阿苯咪唑（每千克体重25～50毫克，口服，2次/日，连用2周)、碘二噻扎宁（每千克体重20毫克，1次/日，口服，连续5天)、枸橼酸乙胺嗪（每千克体重60～70毫克，口服）驱虫。连续饲喂含0.01%～0.05%噻苯唑的饲粮可防止成虫的侵袭。

预防措施

(1）保持犬舍及环境清洁卫生，通风干燥。

(2）一旦发现病犬，及时与无症状犬隔开，坚持隔离治疗。

(3）加强消毒，可用浓缩的盐水或石灰溶液彻底冲洗用具及犬舍。

(4）注意人的自身防护。

14. 旋毛虫病

旋毛虫病是由旋毛虫（图6-9）寄生于犬小肠及肌肉引起的一种人、畜共患寄生虫病。

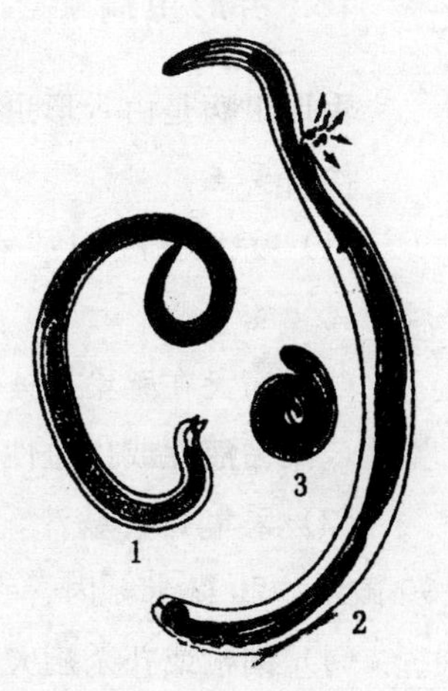

图6-9 旋毛虫

1. 雄虫 2. 雌虫 3. 成熟的幼虫

诊断要点

(1）病犬有吞食含旋毛虫幼虫的肌肉、粪便的病史，一般由捕食患本病的老鼠而引起。

(2）病犬常表现体温升高，下痢血便。有时呕吐，食欲不振，迅速消瘦。病程一般为2～3周，若不死亡，则转为慢性。

(3）慢性病犬（肌旋毛虫病患犬）常表现发热，肌肉触痛，有时出现吞咽障碍、咀嚼困难、运步拘谨、眼睑水肿等症状。1个多月后症状消失，成为长期带虫者。

（4）用穿刺器采取一小块舌肌，压片检查，可发现肌纤维间的旋毛虫包囊。包囊长轴与肌纤维平行，椭圆形或圆形，长0.5～0.8毫米，内含1～7个幼虫。

（5）对于死亡病犬，常采集膈肌左右角检查肌间包囊。

（6）有条件时可用皮内变态反应和沉淀反应进行诊断。

治疗方法

可试用阿苯达唑（每千克体重25～40毫克，每日分2～3次口服，5～7日为1疗程）驱虫。

预防措施

（1）加强灭鼠工作，搞好卫生。

（2）病死犬尸体应深埋或火化。

（3）最好不以生肉喂犬。

15. 舌形虫病

舌形虫病是由舌形虫寄生于犬鼻腔或呼吸道中引起的疾病。

诊断要点

（1）病犬有嗅闻或吞食含舌形虫的牛、羊、马、兔脏器的病史。

（2）病犬在感染后4～6周出现慢性鼻卡他。常打喷嚏，搔抓鼻部，流黏液性或出血性鼻汁，甩头。

（3）采集病犬鼻汁，可见虫卵。卵呈椭圆形，壳厚，大小为90微米×70微米，内含一四足幼虫。

（4）剖检或扑杀病犬，可在鼻道或呼吸道内找到成虫。虫体呈舌形，体表有90个明显的横纹，前端口孔周围有两对钩。雄虫呈白色，长10～20毫米；雌虫灰黄色，长8～13厘米，当体内充满虫卵时为褐色。

治疗方法

向鼻腔中注入氯仿，然后再注入稀释的醋酸，可取得良好的疗效，使症状消失。此外，可用穿刺法穿刺鼻腔或额窦，向虫体寄生部位注入杀虫药，把成虫杀死。

16. 利什曼虫病

利什曼虫病是由杜氏利什曼原虫、热带利什曼原虫寄生于网状内皮细胞中引起的原虫病。

诊断要点

（1）病犬有被带虫吸血昆虫白蛉叮咬的病史，或与病畜或带虫畜及人的接触史。

（2）潜伏期数周、数月及至1年以上。病犬发病过程缓慢。

（3）主要表现为贫血、鼻出血、消瘦。幼犬出现体温波动、衰弱；有时腹围扩大，体表淋巴结肿大，腹泻。后肢麻痹样虚弱，呼吸困难。

（4）有些病犬皮肤落屑、脱毛、湿疹、溃烂，甚至皮肤发黑。

（5）淋巴结穿刺，溃疡皮肤边缘刮除物、脾或骨髓等组织涂片、压片或切片，用瑞氏染色镜检，可见虫体胞质呈浅蓝色，胞核呈红色圆形，常偏于虫体一端。动基体呈紫红色细小杆状，位于虫体中央；或稍偏红色细小杆状，位于虫体中央或稍偏于另一端。前鞭毛体呈细而长的纺锤形，长11.3～15.9微米，前部较宽，后部较窄，前端有一根长度与体长相当的游离鞭毛。

（6）在1毫升可疑病犬血清中，加一滴商业用的福尔马林，若在几分钟内血液凝固，而且很快变为不透明、呈凝固的鸡蛋白状，即为阳性。但本法特异性不很强。

治疗方法

用葡萄糖酸锑钠（每千克体重0.17克，总量不超过5克，均分成6份，肌注或静注1次，1次/日）、新胂波芬（每千克体重

1～1.5毫克，静注，连日或隔日注射数次）驱虫。双胀蓍和其他芬香双胀类药物，也可用于本病的治疗。

预防措施

（1）发现病犬及时隔离治疗。

（2）消灭白蛉及其幼虫。

（3）加强检疫，严禁病犬及其他带虫动物进入犬群。

17. 球虫病

球虫病是由犬等孢球虫、新芮等孢球虫（图6-10）寄生于犬肠道引起的疾病。

诊断要点

（1）散发式流行，仔犬群集的地方可能暴发式流行。病犬、带虫成年犬是本病的重要传染源。主要经消化道传染。常因吞食被球虫卵囊污染的食物、饮水或苍蝇、老鼠等而发病。

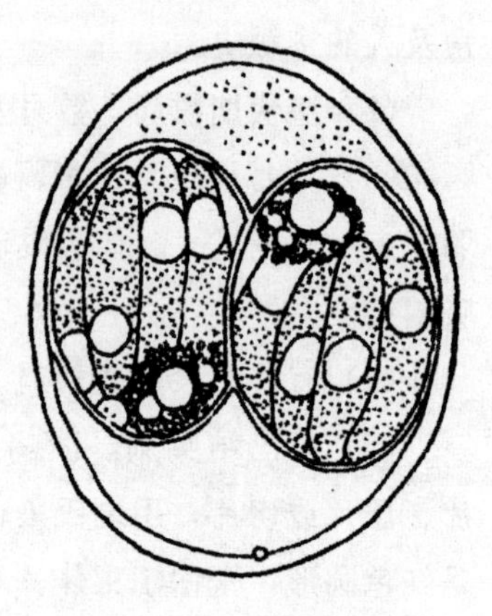

图6-10　犬等孢球虫

（2）各品种、年龄犬均可感染，成年犬常隐性感染，仔幼犬症状明显。环境卫生差，犬群密度大，阴雨、潮湿是本病的诱因。除犬外，猫及其他爱畜也可感染。

（3）病犬进行性消瘦，被毛无光，粗乱，大便稀，发黑，有黏液，甚至带血（彩图23）。仔犬发育障碍，贫血，可衰竭死亡。

（4）小肠黏膜有卡他性炎症，有溃疡、糜烂灶，有时在小肠黏膜层内发现白色结节。

（5）用饱和盐水漂浮法检查粪便，发现球虫卵囊可确认。

（6）将卵囊置室温下加少量重铬酸钾溶液，待其孢子化后，鉴定品种。

(7) 本病病原常和其他肠道寄生虫混合感染，诊断时应加以注意。粪检结果便可鉴别。

治疗方法

磺胺二甲嘧啶（每千克体重 55 毫克，2 次/日，口服，连服 5 日）、氯苯胍（每千克体重 10 毫克，2 次/日，口服）、盐酸氨丙啉（0.006%～0.024%浓度，饮水，连喂 7 天，以后以半量饲喂 14 天）驱虫。

预防措施

(1) 定期普查，及时驱虫。

(2) 加强粪便管理，消灭卵囊。

(3) 加强饮料管理，防止卵囊污染。

(4) 做好犬舍、犬食具消毒卫生工作。

(5) 流行严重时可进行药物预防。

18. 弓形虫病

弓形虫病是由刚地弓形虫寄生于犬的有核细胞中引起的疾病。

诊断要点

(1) 病原为刚地弓形虫（图 6-11）。病犬吞饮含有虫体包囊或滋养体的肉、内脏、粪便而感染，也可经损伤皮肤或胎盘感染。

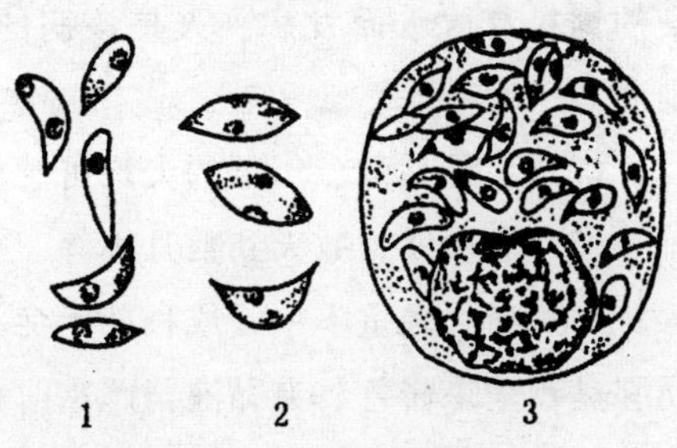

图 6-11 弓形虫速殖子

1. 游离于体液 2. 在分裂中
3. 寄生于细胞内

(2) 健康成犬即使感染了弓形虫也不发病。急性病例多为不满 1 岁的幼犬。病犬精神沉郁，食欲减退，发热，消瘦，黏膜苍白，咳嗽，流鼻涕，呼吸困难，甚至发生肺炎。病犬有时出现剧烈的呕吐，水样出血下痢，里急后重。剖检可见肺水肿（彩图 24）。随后出现中枢神经系统障碍，如麻痹、运动失调、脑炎等症状。成年犬慢性经过较多，怀孕母犬发生流产。弓形虫眼病，病犬出现视网膜出血、视网膜炎及白内障（彩图 25）等。

（3）本病在临床上，很容易与犬瘟热等病混淆，确诊依赖于检出病原或证实血清中抗体滴度升高。

治疗方法

复方甲噁唑（2 片/次，3 次/日，口服 5 日）、磺胺间甲氧嘧啶（每千克体重 0.03 克，1 次/日）最为有效。

19. 阿米巴病

阿米巴病是由溶组织内阿米巴寄生于犬肠道引起的急性或慢性疾病。

诊断要点

（1）散发式流行，犬群中也可暴发流行。传播途径是消化道。环境卫生不良、管理不善是本病的诱因。常因吞食被阿米巴包囊污染的饲料及饮水而发病。人是该病的自然宿主，且常作为犬的传染源。

（2）各种品种、年龄的犬均可感染，但仔幼犬症状明显。

（3）潜伏期为数天到数月不等。

（4）症状轻重不一，或长期无症状。病犬精神沉郁，拉稀，粪便腥臭、呈果酱色、夹黏液，严重时并发肝脓肿及败血症。慢性病犬，腹泻、便秘交替发生，消瘦，仔犬发育障碍。

（5）主要为出血性胃肠炎变化，常见小肠末端、结肠上部溃疡，出血，肠黏膜脱落。有时可见肝脏上有脓包。

（6）新鲜粪便，用硫酸锌漂浮法浓集，碘染色检查包囊，可见圆球形包囊。包囊直径 20～50 微米，内含 1～4 个核，壁厚。

（7）在肠壁溃疡处刮取样品，生理盐水染片可见滋养体。滋养体大小不一，直径12～60微米，活泼，伪足透明。

（8）诊断本病时应与病毒性、细菌性肠炎、其他肠道原虫病区别。区别的关键在于粪便中是否检出卵囊及滋养体。

治疗方法

可用甲硝唑（每千克体重25～50毫克，2次/日，口服，连用5日）驱虫。另外，卡巴胂及巴龙霉素、白头翁、大蒜可能有效。

预防措施

（1）加强饮水、饲料卫生及食具消毒工作。

（2）加强粪便管理、灭绳。

（3）避免与阿米巴病人及病犬接触。

20. 贾第虫病

贾第虫病是由蓝氏贾第鞭毛虫（图6-12）寄生于犬小肠引起的肠道原虫病。

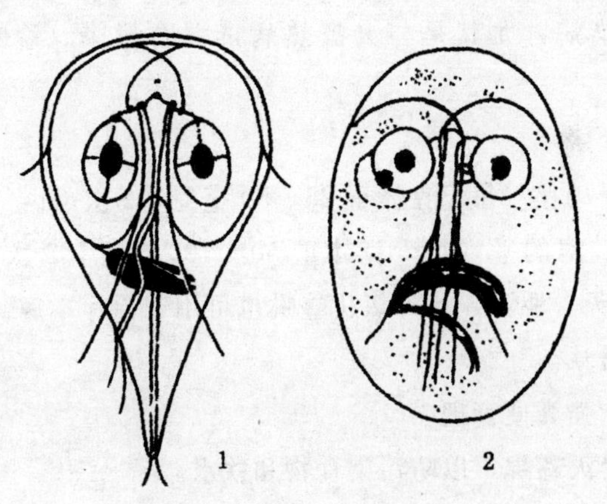

图6-12 蓝氏贾第鞭毛虫

1. 滋养体 2. 包囊

诊断要点

（1）病犬有吞食被包囊污染的食物及饮水的病史。苍蝇等也能起机械性传播作用。

（2）临床症状轻重不一。病犬精神沉郁，里急后重，下痢，便中含有黏液及血液，常为脂肪痢，腥臭。病犬消瘦，营养不良。

（3）隔日检查包囊 1 次，连续 3 次。取稀软粪便，以碘溶液直接涂片，或以 33％硫酸锌溶液漂浮检查包囊。包囊椭圆形，大小为（8～12）微米×（7～10）微米。囊壁较厚，囊内含 2～4 个核，多偏于一端。包囊中心处可见一明显的中轴。

（4）取新鲜腹泻粪便，用生理盐水直接涂片，镜下可见滋养体呈落叶状运动，运动活泼。碘溶液染色或姬姆萨液染色时，可见滋养体呈梨形，两侧对称，长 9～21 微米，宽 5～10 微米，厚 2～24 微米。背部隆体，呈半球状，腹面前部约 3/4 处有 1 个分左右两叶的吸盘，有尾鞭毛。自虫体中央前部有 1 对轴丝发出，延伸至虫体后端。

（5）本病病原常和其他的肠道寄生虫混合感染，且常继发其他病毒性传染病，尤其是与犬瘟热病毒混合感染。诊断时应加以注意。

治疗方法

可用甲硝唑（每千克体重 25～50 毫克，2 次/日，口服，连续 5～10 天）、阿的平（每千克体重 50～100 毫克，2 次/日，口服，连续 2～7 天）驱虫，此外氯化喹啉也可用于治疗本病。

预防措施

（1）加强粪便管理。

（2）消灭苍蝇，以防污染食物和饮水。

（3）定期普查，及时驱虫。

21. 肠滴虫病

肠滴虫病是由毛滴虫科五鞭毛虫属原虫引起的主要侵害幼犬的寄生虫病。

诊断要点

（1）带虫犬是主要的传染源。传播途径是消化道，常因吞、饮被病原污染的食物及饮水而感染。

（2）病犬消瘦，腹泻，粪便稀糊、黏稠、有时带血呈咖啡色，体温变化不明显。

（3）并发其他肠道寄生虫或细菌感染时，患犬症状加剧，精神沉郁，食欲不振。

（4）取新鲜粪便直接涂片检查，镜下虫体如白细胞大小，平稳快速前进，运动活泼。以姬姆萨色液染色时，可见虫体长8～12微米，宽3～14微米，梨形，有5根前鞭毛。虫体前端有1个核，核的前部有数个毛基体，虫体波动膜发达，有1根向后的鞭毛与波动膜相联合，轴索在尾部突出。病原为犬毛滴虫、肠毛滴虫、人毛滴虫、猫毛滴虫等。

治疗方法

用甲硝唑（每千克体重25～50毫克，2次/日，连续5日）驱虫。

预防措施

可参考其他肠道原虫病。

22. 肝簇虫病

肝簇虫病是由肝簇虫寄生于犬脾、骨髓、肝的内皮细胞中引起的疾病。

诊断要点

（1）病犬有被血红扇头蜱叮咬的病史，或曾食入含虫的血红扇头蜱。

（2）病犬不规则发热，贫血但无黄疸，脾肿大，厌食，精神委顿，衰弱，一般经4～8周后死亡。

（3）虫体检查。取病死犬肝、脾、骨髓作涂片或切片，姬姆萨染色可见肝内皮细胞内裂殖体呈圆形或椭圆形的小体，小体具30～40个小核。

（4）血液检查，可见红细胞减少，血红蛋白降低，在许多中性粒细胞内有配子体。配子体长6微米，宽3微米，有1个核，并于胞浆中充满红色颗粒，被纤弱的包囊包围。这是确诊本病最常用的方法。

（5）本病病原常和其他经蜱体传染的寄生虫病如巴贝西虫病、巴尔通氏体病的病原等混合感染，诊断时应注意。

治疗方法

尚未见有效的治疗方法。

23. 肺毛细线虫病

肺毛细线虫病是由肺毛细线虫寄生于犬的支气管和气管而引起的疾病，偶见于鼻腔和额窦。

诊断要点

（1）因犬吞食感染性虫卵而患病。

（2）病犬严重感染时，常引起鼻炎、慢性支气管炎、气管炎。病犬流涕、咳嗽、呼吸困难，继而消瘦、贫血、被毛粗糙。

（3）粪便、鼻液检出虫卵可确诊本病。

治疗方法

可用左旋咪唑（每千克体重5毫克，1次/日，口服5日，停药9日，再依上法重复治疗2次）、甲苯咪唑（每千克体重6毫克，2次/日，口服5日）驱虫。

24. 类丝虫病

类丝虫病是由类丝虫科类丝虫属的多种类丝虫寄生于犬的气管、支气管和肺脏引起的疾病。

诊断要点

（1）病原为欧氏类丝虫、褐氏类丝虫、乳类丝虫。犬因食入感染性幼虫而感染。

（2）临床表现的严重程度取决于虫体数量。幼犬多发，常见顽固的咳嗽，呼吸困难，食欲缺乏，消瘦，甚至死亡。

（3）支气管镜检查或痰液中发现幼虫可确诊。

治疗方法

用阿苯达唑（每千克体重 9.5 毫克，连服 5 天）驱虫。

25. 虱病

虱病是由血虱科的犬长腭虱和啮毛虱科的犬啮毛虱寄生于体表引起的疾病。

诊断要点

（1）犬舍环境卫生不佳，很少给犬梳理、洗刷被毛，容易诱发本病。

（2）病犬不安，常搔抓体表，有时皮肤上出现小结节、小出血点，甚至坏死灶。病情严重时，发生化脓性皮炎，脱毛。被毛上沾有白色虱卵。

（3）虱体检查。在犬皮肤表面或被毛仔细寻找，可发现病原（彩图 26）。犬长腭虱体长 1～5 毫米，头部较胸部窄。犬啮毛虱，体长 0.5～10 毫米，头宽大于胸宽。

治疗方法

用敌百虫（0.5%～1%水溶液喷洒）、鱼藤粉（0.75%粉剂撒布）等驱虫，也可用溴氢菊酯 2000 倍液进行药浴。

预防措施

注意犬体卫生及环境卫生，经常给犬洗澡、梳刷。

26. 蚤病

蚤病是由犬栉头蚤和猫栉头蚤寄生于犬体表所引起的一种外寄生虫病。

诊断要点

（1）犬舍不卫生，长期不打扫不消毒，长期不给犬梳刷、洗澡等，容易引起本病。

（2）病犬不安或倚墙搓擦，或搔抓体表。有时犬表发现皮炎，脱毛，甚至化脓感染。

（3）仔细检查被毛间或其碎屑，可发现虫体。蚤身细小，无翅，两侧扁平（彩图 27）。幼虫呈蠕虫状，无脚，长 4～5 毫米。

治疗方法

除虫菊或 0.75％鱼藤酮撒布于犬身，犬舍及犬尿喷洒0.5％～1％甲酚皂溶液，烧毁垫草，暴晒犬床。

预防措施

（1）保持犬舍、犬体及周围环境清洁卫生。

（2）经常给犬梳理被毛或洗澡。

（3）坚持消毒，在犬舍地面及犬床喷洒甲酚皂溶液。

27. 蜱害

蜱害是硬蜱科的血红扇头蜱、镰形扇头蜱、二棘血蜱、长角血蜱、草原革蜱和微小牛蜱等寄生于犬体引起的疾病。

诊断要点

（1）病原常寄生于耳内侧及趾间、腹部、颈部皮肤。

（2）春秋季节多发。

（3）大量寄生时犬贫血，消瘦，发育不良，寄生处触痛，跛行，甚至麻痹及并发其他虫媒性传染病（彩图 28）。

（4）在犬体找到蜱体可确诊（彩图 29、30、31）。

治疗方法

用敌百虫（1％～2％溶液）、氰戊菊酯（20％乳油以0.02％～0.04％浓度喷洒）、伊维菌素（每千克体重0.2毫克，皮下注射）杀蜱。

28. 蜱致麻痹

蜱致麻痹是含有致病因子（神经毒素）的某些蜱，大量寄生于犬体表引起的迟缓、无热的上行性运动麻痹的临床综合征。

诊断要点

（1）病犬有在疫区草地游戏、追猎等病史，体表有蜱寄生。

（2）多见于春秋蜱活动季节。

（3）发病犬无年龄、品种、性别等差异。

（4）病犬烦躁不安、疼痛、跛行，蜱寄生处发生皮炎。两后肢运动失调，反射消失，麻痹。麻痹呈上行性，渐进性发展从后肢发展到前肢和躯干。病犬四肢无力，步态蹒跚，喜卧，全身痛觉消失。出现麻痹后，病犬心跳缓慢，呼吸浅表，可视黏膜发绀，精神委顿，食欲废绝。

（5）血液学检查，可见红细胞减少，嗜酸性粒细胞增多。

治疗方法

（1）用伊维菌素（每千克体重0.2毫克，皮注）、氰戊菊酯（20％乳油以0.02％～0.04％溶液喷洒）灭蜱。

（2）在灭蜱后应给病犬以对症、支持疗法，并补充大量维生素C，纠正水、电解质紊乱。

预防措施

（1）灭蜱。

（2）加强饲养管理，不去疫区活动。

29. 巴贝西虫病

巴贝西虫病是由巴贝西虫寄生在犬红细胞内的一种原虫病，又称蜱热。

诊断要点

（1）散发式流行或地方性流行。蜱是本病的传播媒介。常因带虫蜱叮咬犬体后感染本病。常见的带虫蜱有血红扇头蜱和李氏血蜱。

（2）各年龄、品种、性别犬均可感染，2 月龄以内的仔犬发病率较低。春秋季节，蜱活动期多发。

（3）潜伏期 7～10 天。急性病例表现为：病犬体温升高，黏膜淡红，发绀或黄染（彩图 32）；脉搏加快，呼吸困难，食欲废绝，饮水增加；尿色深，有时呈酱油色；精神沉郁，有时发生呕吐。慢性病例表现为：病初发热，后体温下降；病犬可视黏膜苍白，无黄疸，有食欲，消瘦，尿色深。常由吉氏巴贝西虫引起。

（4）常并发或继发其他经蜱传染的寄生虫病，如犬埃利希病、犬肝虫病等，此时症状复杂，病情加剧。

（5）病犬脾脏高度肿胀（彩图 33），脾髓呈蓝红色，坚实或中度软化。胆囊含有大量浓缩的黑绿色屑粒状胆汁。各组织均呈黄疸色。慢性病例不见黄疸，体腔内常积聚浆液。

（6）血液检查，可见血液呈鲜红色，血清呈淡红色或棕红色。红细胞为正常值的 1/3～1/2，白细胞总数增高。黄疸指数增高。

（7）尿液检查，尿中含蛋白质，有血红蛋白。

（8）反复采血、涂片，用姬姆萨染色，油镜下观察，在红细胞内寻找虫体。感染犬的巴贝西虫主要有下列 3 种：犬巴贝西虫：多呈双梨状排列，两虫尖端以锐角相连，在红细胞内寄生的虫体较大，最大可达 7 微米（彩图 34）；吉氏巴贝西虫：虫体很小，多呈环形，1 个红细胞内可寄生 30 个虫体（彩图 35）；韦氏巴贝西虫：

寄生于红细胞内的虫体呈圆形、卵圆形或梨形，数目有时达 2 个以上。本病的确诊依赖于血液中虫体的检查。

(9) 动物接种。将病犬血液接种于幼犬，经 2～6 天血中出现巴贝西虫，通常经 3～12 天病犬死亡，即可确诊。

(10) 本病诊断时应注意和以下疾病区别：犬埃利希病，常发生鼻出血，单核白细胞内有埃利希体；犬肝虫病，常无黄疸和血红蛋白尿。

治疗方法

(1) 用硫酸喹啉脲（每千克体重 0.25 毫克，0.5%溶液，肌注或皮注）、咪唑苯脲（每千克体重 5 毫克，肌注 2 次）、三氮脒（每千克体重 3.5～5.5 毫克，皮注或肌注）、蒿甲醚（第 1 日 200 毫克，第 2～4 日各 100 毫克肌注）、锥蓝素（每千克体重 5 毫克，1%溶液静注）等灭虫。

(2) 对症治疗。输血，纠正脱水。如酸中毒及电解质紊乱，使用复合维生素 B，改善康复犬营养。恢复其可补充铁剂，满足红细胞生成的需要。

预防措施

(1) 尚无可供使用的疫苗。

(2) 流行区定期对犬舍及环境喷洒 1%敌百虫等杀蜱。

(3) 避免至流行区游玩。

(4) 定期血检，早发现，早治疗。

(5) 可用硫酸喹啉脲、咪唑苯脲等进行药物预防。

七、中毒病

1. 急性中毒

急性中毒是由于大量毒物短时间内经皮肤、黏膜、呼吸道、消化道等途径进入犬体内，使犬机体受损并发生功能障碍的中毒病。

诊断要点

(1) 有可能接触毒物的病史。

(2) 认真进行体格检查，根据临床表现出的病症，揭示可能的中毒因子。

腹痛：见于黄曲霉毒素、砷、铜、硒、铅、亚硝酸盐、磷化锌、强酸和强碱等中毒。

贫血：见于铜、铅、洋葱、丙酮苄羟香豆毒等中毒。

食欲不振：见于黄曲霉毒素、砷、铜、铅、汞、酚、磷化锌等中毒。

腹泻：见于砷、铅、钼、亚硝酸盐、丙酮苄羟香豆素等中毒。

共济失调：见于砷、铜、铅、汞、酚、氯化钠、亚硝酸盐、有机氯等中毒。

惊厥：见于铜、铅、食盐、亚硝酸盐、有机氯、有机磷、磷化锌等中毒。

昏迷：见于氰化物、酚、有机氯、有机磷、磷化锌、肉毒梭菌毒素等中毒。

呼吸困难：见于安妥、一氧化碳、氰化物、有机磷、丙酮苄羟香豆素、无机磷、酚、亚硝酸盐、马钱子碱等中毒。

血尿：见于铜、汞、丙酮苄羟香豆素等中毒。

黄疸：见于黄曲霉毒素、砷、铜、磷等中毒。

流涎：见于砷、铜、氰化物、有机磷、有机氯、磷等中毒。

呕吐：见于安妥、砷、铜、铅、磷、丙酮苄羟香豆素等中毒。

(3) 及时采集样品，进行实验室检查，确定中毒原因。采集的样品包括呕吐物、胃洗出物、结肠洗出液、尿、血。死亡犬还应采集肝、脑、肾、肌肉等。

治疗方法

(1) 如属气体中毒，应迅速撤离现场，保持犬呼吸畅通，立刻给氧。

(2) 催吐。食入毒物且精神尚好的犬应催吐排除胃内容物。每千克体重静脉或肌内注射 0.04～0.08 毫升阿朴吗啡。活性炭可增强催吐效果。犬昏迷或处于抑制状态时，禁止催吐。

(3) 洗胃。经口腔插入胃管，反复洗胃。洗胃液常用微温开水、生理盐水、1%～4%鞣酸溶液、0.5%～3%高锰酸钾溶液、0.2%～0.5%药用炭混悬液。洗胃前应将犬镇静或麻醉，并做气管内插管，防止误咽。洗胃时，应配合使用活性炭以吸附毒物，增强效果。

(4) 导泻及灌肠。口服硫酸钠，剂量为每千克体重 1 克，或用 1%肥皂水或微温水深部灌肠。

(5) 利尿排泄。利尿剂常用甘露醇（每小时每千克体重 2 克）、速尿（每千克体重 4 毫克），碱化尿液常用碳酸氢钠，酸化尿液常用氯化铵。肾功能障碍时，采用透析疗法。

(6) 吸附沉淀氧化毒物。口服通用解毒剂（药用炭末 2 份、鞣酸 1 份、氧化碳 1 份），每次 15～20 克加温水 200～300 毫升。

(7) 利用输液维持体温、呼吸功能及心功能，纠正电解质紊乱、酸碱失衡、神经系统紊乱。

(8) 利用特异解毒剂去除毒物毒性（表 7-1）。

表 7-1　常见中毒及其特异解毒疗法

毒物	症状	解毒剂	剂量及用法	备注
有机磷农药（如敌敌畏、乐果、敌百虫等）	流涎，瞳孔缩小，眼鼻分泌物增多，呕吐，腹痛，腹泻，共济失调，抽搐，震颤，呼吸困难，发绀，昏迷	硫酸阿托品	每千克体重 2 毫克，静注，同时以相同剂量皮下注射，每 2 小时重复 1 次	氨甲酸酯类中毒禁用碘解磷定
有机磷农药（如敌敌畏、乐果、敌百虫等）	流涎，瞳孔缩小，眼鼻分泌物增多，呕吐，腹痛，腹泻，共济失调，抽搐，震颤，呼吸困难，发绀，昏迷	碘解磷定	每千克体重 20 毫克，静注，持续 12 小时，可重复给药	
氨甲酸酯类农药（呋喃丹、混杀威等）	流涎，瞳孔缩小，眼鼻分泌物增多，呕吐，腹痛，腹泻，共济失调，抽搐，震颤，呼吸困难，发绀，昏迷	硫酸阿托品	每千克体重 2 毫克，静注，同时以相同剂量皮下注射，每 2 小时重复 1 次	
氨甲酸酯类农药（呋喃丹、混杀威等）	流涎，瞳孔缩小，眼鼻分泌物增多，呕吐，腹痛，腹泻，共济失调，抽搐，震颤，呼吸困难，发绀，昏迷	碘解磷定	每千克体重 20 毫克，静注，持续 12 小时，可重复给药	
有机氟（如氟乙酰胺、氟乙酸钠等）	呕吐，腹泻，直线疯跑狂叫，口流泡沫，抽搐，惊厥，癫痫发作	乙酰胺	50%溶液，5 毫升/次；肌注，2～4 次/日，一般连用 5～7 日	与半胱氨酸合用效果好，还应配合使用氯丙嗪等镇静药

续表

毒物	症状	解毒剂	剂量及用法	备注
有机氯农药（如六六六、林丹等）	肌肉痉挛，抽搐，共济失调，发热，黏膜发绀，沉郁，昏迷			支持疗法；镇静选用戊巴比妥、溴化钙等；保肝
酚（如石炭酸、甲酚皂溶液等）	呕吐，腹痛，体表散发酚的气味，呼吸困难			常规处理
氰化物（如氰化钾、氰化钠等）	流涎，痉挛，呼吸频率渐增，呼吸困难，黏膜鲜红	硫代硫酸钠	先每千克体重静注1%亚硝酸钠25毫克，后每千克体重静注25%硫代硫酸钠1.25克，必要时重复1次	
亚硝酸盐	呼吸困难，共济失调，肌肉软弱。体温下降，血液呈巧克力色，黏膜发绀	亚甲蓝	每次每千克体重1～2毫克，以2%溶液缓慢静注。发绀不退时应重复注射	注射过快，有恶心、呕吐、腹痛等副作用
食盐中毒	感觉过敏，失明，肌震颤，共济失调，癫痫样发作			供应充足饮水
一氧化碳	很快死亡或呆滞，运动失调，呼吸困难，黏膜粉红色	氧化	供应二氧化碳和氧气混合物（5%～7%二氧化碳加95%～93%氧气）；或给病犬输血	

续表

毒物	症状	解毒剂	剂量及用法	备注
霉菌毒素（如霉玉米、霉花生、霉黄豆等）	慢性经过，厌食，消瘦，精神委顿，间歇性腹泻，黄疸，虚弱，腹水，衰竭死亡			支持疗法，保肝，饲喂低脂饮食
丙酮苄羟香豆素	跛行，腹泻，血便，血凝时间延长，出血性素质	维生素K_1	5 毫克/次，肌注，必要时重复，症状明显时输全血	
砷（如三氧化二砷、三硫化二砷、二硫化二砷等）	急性中毒：流涎，呕吐腹痛，水样腹泻，衰竭，虚脱死亡；亚急性中毒：抑郁，食欲减退，共济失调，后肢麻痹，惊厥或昏迷，体温降低；慢性中毒：消化不良，口渴，消瘦，虚脱，黏膜砖红色	二巯基丙醇、二巯基丙磺酸钠	每千克体重 5 毫克，第 1 天每 4 小时 1 次，以后每天 2 次	
铜（如含铅颜料、铅涂料、油漆、油灰等）	胃肠炎型：废食，呕吐，腹痛，腹泻，衰弱；神经症状：焦虑，狂叫，流涎，癫痫样惊厥	乙二胺四醋酸钠钙	每日每千克体重 75 毫克，缓慢静注，最初 2 天应间隔几小时分次给予，连续治疗 3～4 天	配合使用抗惊厥药中巴比妥酸盐

续表

毒物	症状	解毒剂	剂量及用法	备注
铜（如硫酸铜等）	急性：呕吐，流涎，腹泻，腹痛，惊厥，麻痹，粪便深绿色，虚脱死亡；慢性：厌食，增重慢，虚弱无力，发抖，呼吸困难，休克	青霉胺	200～300毫克/次，口服，3次/日；或1～3克/日，溶于生理盐水中静注	有血细胞减少作用；出现溶血危象者预后不良
铁（如硫酸亚铁、乳酸亚铁、右旋糖酐铁等）	呕吐，血便，呼吸困难，24～48小时内休克，伏卧不起，昏迷，死亡	去铁胺	每千克体重0.75毫克，缓慢静注或口服	有降血压作用
马钱子碱（番木鳖、士的宁）	呼吸困难，发绀，瞳孔放大，痉挛，角弓反张，癫痫样发作，肌红蛋白尿			常规处理保持安静，使用镇静剂
安妥（萘硫脲）	呕吐，共济失调，呼吸困难，肺水肿，6～48小时内死亡			一旦发生肺水肿，预后不良；静注10%次亚硫酸钠
海葱	呕吐，共济失调，惊厥，感觉过敏，呼吸困难，黏膜发绀			隔离，镇静，常规处理

续表

毒物	症状	解毒剂	剂量及用法	备注
葡萄球菌肠毒素	恶心，虚脱，腹痛，腹泻			常规处理
葡萄球菌致死毒素	抽搐，不安，呼吸困难			常规处理
麻黄碱中毒	兴奋不安，流涎，呕吐，体温升高，呼吸困难，惊厥	盐酸氯丙嗪	每千克体重1～2毫克，肌注或静注	同时进行强心补液
汞（升汞、甘汞、红降汞、红色碘化汞）	食欲不振，黏膜弥漫出血，溃疡，血尿，共济失调，体温升高	5%二巯基丙碘酸钠，10%一巯基丙醇依地酸二钙钠	每千克体重5～8毫克，皮下注射、肌注或静注，2次/日，7日1疗程。每千克体重2.5～5毫克，3次/日，肌注，3日；每千克体重75毫克，静注	同时进行对症治疗；补液，强心镇静

2. 腐败食物中毒

腐败食物中毒是由于犬食用了含有大量病原菌及毒素的腐败食物后，引起发热、休克、腹泻、恶心与呕吐、腹痛、脱水、代谢性酸中毒等一系列不适症状的中毒病。

诊断要点

（1）病犬曾采食腐败变质、发馊的食品（如臭鱼、臭肉和酸奶等）。

（2）因采食腐败食物内所含的细菌毒素不同，病犬的临床表现不一。葡萄球菌毒素中毒的病犬，有严重的呕吐、腹痛、腹泻，表现出明显的急性胃肠炎症状。病犬精神沉郁，心力衰竭，体温正常或降低。中毒严重时，可引起犬抽搐不安、呼吸困难和严重惊厥。肉毒梭菌毒素中毒的病犬，以运动神经中枢和延脑麻痹为特征。病犬失声吠叫、呕吐、口吐白沫、两眼有大量脓性分泌物，表现不同程度的神经麻痹、步态不稳、喜卧地、心跳加快、呼吸困难、食欲减退等症状。

治疗方法

（1）以解毒、补液、强心为原则。用5%碳酸氢钠或0.2%高锰酸钾液催吐、灌肠，必要时进行洗胃、补液及采取相应的对症治疗。

（2）使用广谱抗生素有利于病犬的康复。

预防措施

预防本病的发生在于不给犬喂腐败变质的食物。

3. 黄曲霉毒素中毒

犬采食了发霉谷物或以发霉的谷物为原料加工成的饲料引起的以侵害肝脏为主的中毒性疾病。

诊断要点

（1）曾摄食发霉的谷物或以发霉谷物为原料加工成的饲料。

（2）急性中毒病犬表现为食欲废绝，呕吐，咯血，黄染（彩图36），出血。发病3～5天死亡。

（3）亚急性中毒病犬体温正常或下降，精神沉郁，食欲丧失，有口渴感，并拉煤焦油粪便，可视黏膜苍白、黄染，呼吸浅而快。此外，病犬表现为后肢无力，步态不稳，呈间歇性抽搐，有的犬角弓反张。后期病犬腹下部膨大，穿刺检查有大量腹水。慢性中毒表现为体重减轻，被毛粗乱，轻度黄疸，贫血。

（4）血检特征性变化为白细胞总数减少，淋巴细胞减少，血浆总蛋白含量降低，转氨酶增高，胆红素血症，凝血时间延长等。

（5）死亡犬皮肤、可视黏膜和皮下脂肪出现黄染，血凝不全，心肌斑点状出血，肺无明显肉眼变化；腹腔积水，大网膜黄染；胰腺间质水肿，肠系膜广泛性出血；肝细胞坏死，肝脏呈土黄色，肝细胞脂肪变性（彩图 37），胆囊壁增厚并出血；肠道出血（彩图 38），内有煤焦油胶冻样内容物。

（6）饲料和饲料原料中检测出黄曲霉毒素可以确诊。每千克饲料中黄曲霉毒素的含量超过 200 毫克时，可引起肝功能异常。诊断本病时要与犬传染性肝炎、犬瘟热、犬细小病毒病、钩端螺旋体病相区别。

治疗方法

（1）停喂霉败的饲料，用 0.05%的高锰酸钾溶液洗胃，投服硫酸钠以泻毒。

（2）保肝：10 毫升茵栀黄注射液稀释于 250 毫升 10%的葡萄糖注射液中静脉滴注，1 次/日；腺苷蛋氨酸每千克体重 20 毫升空腹口服，1 次/日。止血：维生素 K_1 0.1g，肌注，2 次/日；氨甲苯酸 0.1g 稀释于 10%葡萄糖注射液中静脉滴注，2 次/日。

（3）防止继发感染，给予氨苄西林钠或头孢拉定，切勿用磺胺类药物；心衰时可用安钠咖；兴奋不安时可用盐酸氯丙嗪；呕吐时用胃腹安止吐；用碳酸氢钠调节机体酸碱平衡；补充适量维生素 C、ATP、辅酶 A、葡萄糖等。

（4）患病早期给犬提供低脂肪高糖食物，口服蛋氨酸。恢复期可补充鱼肝油和多种维生素。

4. 巧克力中毒

巧克力中毒是由于犬长时间或过量摄入巧克力而引起的以呕吐、腹泻、频尿和神经兴奋为主要症状的中毒病。

诊断要点

（1）由于贪吃和不择食的采食习惯，以及犬易获得过多的某些巧克力产品（糖果）所致。某些犬食入可可副产品的商品犬食（每天2次，连续给饲1～2天），而这些犬食中含0.2%的可可碱，因此导致巧克力中毒。

（2）由于巧克力吸收缓慢，采食后一段时间犬不表现中毒症状。急性病例，多在采食后8小时出现症状，12～24小时死亡。因心力衰竭突然死亡的犬无明显症状。因此，当犬采食了中毒量的巧克力（致死量每千克体重200毫克）时，应密切监视其心律（中毒犬常见心律不齐）。常见的中毒症状有口渴、呕吐、腹泻、泌尿失禁、情绪激动、神经过敏、阵发性痉挛、癫痫样发作和昏迷。

（3）病理变化主要在胃肠道。胃和十二指肠黏膜充血，其他脏器弥漫性郁血。胸腺有郁斑和出血斑。

治疗方法

（1）因巧克力吸收缓慢，采食后6～8小时内可给予催吐。

（2）活性炭（每千克体重1克）可有效限制可可碱在肠道的吸收，如与盐类泻药合用其效果更佳。活性炭能显著缩短血浆可可碱的半衰期，可重复应用（每4小时1次）。为避免水和电解质平衡障碍，泻药应与活性炭交替使用，并认真监测水和电解质的平衡情况。

5. 阿托品中毒

用阿托品及阿托品类药物治疗疾病过程中，用量过大可引起犬的中毒。犬注射阿托品达1.1～1.2g时多数死亡。

诊断要点

（1）有过量注射、投服或误食阿托品类药物的病史。

（2）早期表现口腔干燥，咽下困难，肠音减弱。后期结膜发绀，瞳孔散大，对光反射及角膜反射消失。最后因呼吸麻痹而死亡。

（3）将乙酰胆碱注射液向假定中毒犬皮下注射，注射后无流涎、胃肠蠕动增强现象，则可考虑为阿托品类药物中毒。

治疗方法

（1）阻断毒源。对误投或误服本类药物中毒的犬，早期可进行催吐，洗胃后用盐类泻药导泻。

（2）严重中毒的病犬用3%的毛果云香碱注射液0.1～0.5毫升皮下注射，每6小时1次，直至瞳孔缩小、口腔湿润为止。

（3）对狂躁、惊厥、兴奋不安的病犬可用氯丙嗪等镇静剂，但中毒后期中枢神经抑制时，禁用镇静剂，抑制期可酌用苯甲酸钠咖啡因等兴奋剂。可用5%的葡萄糖生理盐水静脉注射，以促进毒物的排泄。呼吸严重抑制时及时输氧。

6. 毒蛇咬伤

毒蛇咬伤常见于我国南方农村、山区和沿海一带，夏秋季节发病较多。咬伤部位常在四肢和鼻端。我国较常见且危害较大的毒蛇为金环蛇、银环蛇、眼镜蛇、眼镜王蛇、蛙蛇、五步蛇、蝮蛇、竹叶青、龟壳花蛇等。蛇毒主要有神经毒（金环蛇、银环蛇等）、血循毒（竹叶青、五步蛇、蝰蛇等）。

诊断要点

（1）有在野外活动、被毒蛇咬伤的病史。

（2）局部症状：神经毒素类毒蛇咬伤，局部表现不明显，但眼镜蛇咬伤，局部组织坏死、溃烂、伤口长期不愈。血循毒素类毒蛇咬伤，局部很快肿胀（彩图39）、发硬、剧痛、灼热、淋巴结肿大、压痛、皮下出血，甚至坏死溃烂。

（3）全身症状：神经毒类毒蛇咬伤，表现为四肢无力，呼吸困难，瞳孔散大，吞咽困难，脉搏不整，严重者休克，昏迷，呼吸麻痹，衰竭死亡。血循类毒蛇咬伤，表现为发热，心率增快，全身战栗，血压降低，呼吸困难，血尿，少尿，惊厥，心脏麻痹而死亡。

治疗方法

(1) 急救。早期结扎：迅速就地取材，在伤口上方用绳子、布条等结扎，阻断静脉、淋巴回流。每隔20～30分钟放松片刻。咬伤1小时以上不用结扎，伤口清洗、排毒、服蛇药后解除结扎。伤口冲洗：立即用清水、冷开水或肥皂水、浓盐水、过氧化氢或0.1%高锰酸钾冲洗，清除蛇毒、污物。刀刺排毒、取出毒牙：冲洗后用小刀或三棱针在牙痕间及伤口周围挑破伤口，找出毒牙，压挤排毒，彻底清创。

(2) 用0.5%盐酸普鲁卡因在伤口周围局部封闭，每日2～3次。

(3) 迅速给犬内服或外敷蛇药片。有条件时可静注抗毒蛇血清、响尾蛇多价抗毒素1～5单位/次，或蝮蛇蛇毒抗血清20～60毫升/次。

(4) 应用肾上腺皮质激素。配合使用强的松（10～15毫克/次，3次/日，口服），或氢化可的松（200～400毫克/次，1～2次/日，静注），减轻中毒反应，防止休克。

(5) 注射抗生素防止继发感染，注射破伤风抗毒素预防破伤风。

7. 蟾蜍、蜥蜴中毒

蟾蜍、蜥蜴中毒是犬被蟾蜍、蜥蜴咬伤后引起的以神经系统严重损伤为主的全身性急性中毒。

诊断要点

(1) 有侵袭、咬或衔蟾蜍、蜥蜴的病史。

(2) 病犬大量流涎、摇头、烦躁不安。

(3) 吞食蟾蜍或蜥蜴后，常出现惊厥虚脱、渐进性麻痹、心力衰竭，甚至死亡。

治疗方法

（1）局部清洗。用清水或生理盐水冲洗口腔。

（2）全身用药。肌注硫酸阿托品（0.5～1毫克/次）、氢化泼尼松（每千克体重1～10毫克，1次/日），或静注心得宁（每千克体重50毫克，1次/日）。

8. 蜈蚣、毒蜘蛛咬伤

蜈蚣、毒蜘蛛咬伤是犬被蜈蚣、毒蜘蛛咬伤而引起咬伤处肿胀、极度疼痛，严重者伴有呕吐、发热、腹部肌肉僵硬、衰弱、呼吸困难、食欲丧失、麻痹死亡等症状的疾病。

诊断要点

（1）咬伤处肿胀，极度疼痛。

（2）严重病犬呕吐，发热，腹面部肌肉僵硬，衰弱，呼吸困难，食欲丧失，麻痹死亡。

治疗方法

（1）用氨水、碳酸氢钠、肥皂水冲洗伤口。

（2）用0.25%～0.5%盐酸普鲁卡因在伤口周围环封。

（3）严重者参考毒蛇咬伤处理。

9. 蜂蜇伤

蜂蜇伤是犬被蜂蜇伤而引起的蜇伤处肿胀、疼痛，严重者伴有呼吸困难、呕吐、过敏、休克等症状的疾病。

诊断要点

（1）蜇伤处肿胀、疼痛。

（2）严重病犬呼吸困难、呕吐、过敏、休克。

治疗方法

（1）用肥皂水、碳酸氢钠、氨水或醋冲洗伤口。

（2）用针或小刀挑虫蜂刺。

（3）青苔或鲜夏枯草捣烂外敷。

（4）局部涂擦抗组胺药，如盐酸苯海拉明酊剂、盐酸异丙嗪乳剂。

（5）病情严重者参照毒蛇咬伤处理方法。伤口周围挑破伤口，找出毒牙，压挤排毒。彻底清创。

八、营养代谢及内分泌疾病

1. 佝偻病

佝偻病是因维生素 D 缺乏、钙磷代谢失常、钙盐不能沉着在骨骼上所致的一种疾病。

诊断要点

(1) 饲喂不当、母乳不足、缺乏阳光照射、长期腹泻、患肝肾疾病、营养失调等均可引起本病。

(2) 主要见于仔幼犬。

(3) 德国牧羊犬、西藏獒犬等大中型犬易发。

(4) 病犬异嗜，牙齿异常，跛行，步行困难。

(5) 骨变形，骨端肿胀，肋骨及肋软骨附着部位有念珠状肿胀。严重时四肢弯曲而呈“O”形腿或“X”形腿（彩图 40、41），同时伴有脊柱上凸或下凹（呈鸡胸状）。

(6) 血液学检查，可见红细胞减少，红细胞压积降低，血清钙正常或降低，血清磷降低，碱性磷酸酶增高。

(7) 尿液检查，可见尿钙阴性，尿钙定量检出值降低。

(8) X 线检查，可见长骨骺软骨加宽，干骺端模糊，凹陷或呈杯口状，骨质疏松，临时钙化带模糊不清，四肢骨骼弯曲畸形。

治疗方法

(1) 查明病因，调整饲料配方或添加不足物质，积极治疗原发病。

(2) 加强饲养管理，增加运动量及日光照射时间，添饲骨头及骨汤。

（3）选用维生素D_2（1000～3000单位/日，口服或肌注），鱼肝油滴剂（2～3滴/次，2次/日，口服），维生素A、D丸（2丸/次，2次/日，口服），钙片（2～4片/次，2次/日，口服），葡萄糖酸钙（1～3克/日，口服或静注）。

预防措施

（1）保证饲料中有足量的钙、磷及适宜的钙磷比（1.2∶1）。

（2）保证犬有足够的运动量和日光照射时间。

（3）母犬妊娠及哺乳期应添加骨粉、蛋壳粉等钙磷饲料，或增饲骨头及维生素A、D。

2. 维生素A缺乏症

维生素A缺乏症是犬体内维生素A缺乏而引起的以眼和皮肤病变为主的全身性疾病。

诊断要点

（1）饲喂不含维生素A或维生素A很少的饲料、煮过度的饲料可引起本病，慢性消化系统疾病等也会引起本病。

（2）病犬早期表现夜盲，角膜溃疡，角膜混浊，严重者可失明。

（3）仔幼犬生长发育停滞，精神不振，乳齿更换延迟，营养不良。

（4）重病犬共济失调，皮肤干燥并有鳞片状落屑，发出臭气。

（5）易发生消化道、呼吸道、泌尿道感染。

（6）尿液镜检，可见过多的上皮细胞，尿沉渣中发现角化变性上皮细胞。

（7）血液学检查，可见血红蛋白质降低，血浆维生素A含量降低。

治疗方法

（1）添加维生素A，选用鱼肝油（2～4滴/次，2次/日，口服)、维生素 A（2 万～5 万单位/日，2 次/日，口服)、三联维生素（含维生素 A、D、E，0.5～1 毫升/次，2 次/日，皮注或肌注)。孕犬及哺乳犬也应添加维生素 A，每日应大于 25500 单位。

（2）消除病因，积极治疗原发病。调整饮食，供给肉、奶、蛋、胡萝卜等。

（3）加强护理，增加运动量及室外运动时间。

预防措施

（1）保证饲料中维生素 A 含量，一般成年犬每日需维生素 A 25500 单位。

（2）改善饲养管理，增加室外运动时间。

3. 维生素 E 缺乏症

维生素 E 缺乏症是犬体内维生素 E 缺乏或不足而引起的以骨骼肌、心肌和肝脏组织变性、坏死为特征的疾病。

诊断要点

（1）长期饲喂维生素 E 或硒缺乏的饲料，消化不良，吸收障碍等，均可引起本病。

（2）幼犬患病多见于出生后的最初几周，主要表现为肌肉僵硬，不愿运动。尸体剖检可发现骨骼肌有变性的灰白色部位和心脏损害。

（3）血液检查可见血清谷草转氨酶含量增高，血清肌酸磷酸激酶活性增高。

（4）尿液分析可见肌酸与肌酐的比率增高。

治疗方法

（1）选用维生素 E（5～10 毫克/日，口服或肌注，连续 10～20 天)、三联维生素（0.5～1 毫升/日，皮注或肌注)。

（2）给予少量硒，以提高疗效。

预防措施

(1) 保证饲料中维生素 E 及硒的含量。

(2) 饲料保存时应添加抗氧化剂，保证维生素 E 的效果。

(3) 饲喂生肉或生乳可预防本病的发生。

4. 维生素 K 缺乏症

维生素 K 缺乏症是犬体内维生素 K 缺乏或不足而引起的出血性疾病。

诊断要点

(1) 消化系统疾病，肝、胆疾病，长期服用磺胺类药，长期饲喂缺乏维生素 K 的日粮，误食双香豆素类灭鼠药等，均可引起本病。

(2) 病犬食欲下降，鼻出血，黑粪，尿色深。有食粪等异嗜现象。

(3) 伤口及溃疡面愈合时间延长。

(4) 血液学检查，可见血凝时间延长，红细胞减少，血红蛋白降低。

(5) 粪潜血检查阳性。

(6) 尿潜血检查阳性。

治疗方法

(1) 找出病因，对因治疗。

(2) 补充维生素 K，选用维生素 K_1（10～30 毫克/日，静注，直至出血控制），维生素 K_3（10～30 毫克/日，肌注）。

(3) 对症治疗，严重贫血或血容量较低病犬可输入新鲜血液及凝血酶原。

预防措施

(1) 在日粮中加入鱼粉、青菜、肉等富含维生素 K 的原料。

(2) 防止误食鼠药。

5. 维生素 B_1 缺乏症

维生素 B_1 缺乏症是犬体内维生素 B_1 缺乏或不足所引起的大量丙酮酸蓄积，以致神经功能障碍，以角弓反张和脚趾屈肌麻痹为主要临床特征的一种营养代谢病。

诊断要点

（1）长期采食缺乏维生素 B 饲料，寄生虫感染，长期服用氨丙啉药物，长期腹泻等，均可引起本病。

（2）病犬体重下降，被毛粗乱，厌食，嗜睡，前肢肿胀，不耐运动，体温正常或稍低，共济失调，震颤，轻瘫，惊厥，心音弱，心率快。严重时可发生麻痹，甚至发生心力衰竭而死亡。

（3）以维生素 B 治疗，收效较快。

（4）心电图检查，可见 S—T 段下降，T 波低平或倒置，Q—T 间期延长，QRS 低电压。

（5）血液生化检查，可见血清硫胺素水平下降，乳酸或丙酮酸明显增高，红细胞转酮酶活性降低。

治疗方法

（1）调整饲粮，添加生肉、肉骨粉、猪肝、酵母片等。

（2）补充维生素 B_1，选用硫胺素片（10～30 毫克/次，2～3 次/日，口服），维生素 B_1（50～100 毫克/次，1 次/日，肌注）。

（3）对症治疗，纠正心力衰竭及抗惊厥等。

预防措施

注意饲料的多样性，一般不采取特别预防措施。成年犬每日需维生素 B_1 每千克体重 0.04 毫克，仔幼犬需维生素 B_1 每千克体重 0.22 毫克。

6. 维生素 B_{12} 缺乏症

维生素 B_{12} 缺乏症是犬体内维生素 B_{12} 缺乏或不足所引起的核

酸合成受阻、物质代谢紊乱、造血功能及繁殖功能障碍，以巨幼红细胞性贫血为主要临床特征的一种营养代谢病。

诊断要点

(1) 大量寄生虫感染，长期腹泻，饲料单一等，均可引起本病。

(2) 病犬生长缓慢，虚弱，嗜睡，食欲不振，消化功能紊乱，可视黏膜苍白。

(3) 血液检查，可见红细胞数减少，血红蛋白降低，红细胞压积降低，红细胞形态异常、多为幼稚红细胞，白细胞减少。

治疗方法

选用维生素 B_{12}（30～100 微克/次，2 次/日，肌注，2 周为 1 疗程）或口服复合维生素 B 片（2 片/次，2 次/日）。

7. 维生素 C 缺乏症

维生素 C 缺乏症是犬体内维生素 C 缺乏或不足所引起的胶原和黏多糖合成障碍及抗氧化能力下降，以皮肤、内脏器官出血，贫血，齿龈溃疡，坏死，关节肿胀和抗病力下降为临床特征的一种营养代谢病，又称坏血病。

诊断要点

(1) 长期饲喂腐败变质的肉类，采食过度蒸煮的牛奶、肉、谷物、蔬菜等，肝脏疾病，热性传染病及慢性消耗性疾病等，均可引起本病。

(2) 病犬牙龈肿胀、呈蓝红色，敏感，轻微触摸即能引起出血，甚至发生溃疡性口炎。

(3) 出血性素质，病犬部分皮肤和黏膜出血，有时出现呕血、尿血、便血、视网膜出血。

(4) X 线检查，可见骨骺的不透明度增加，并可见到佝偻病的念珠状骨，长骨骨膜下出血，钙化预备带增厚、不规则、骨质稀疏、呈毛玻璃样。

（5）血液学检查，可见红细胞减少，血红蛋白减少，红细胞压积减少，红细胞增大，血浆维生素 C 含量降低甚至为 0。

（6）易继发肺炎和脓毒症。

（7）注意和维生素 A 缺乏症、维生素 K 缺乏症、血友病、血小板减少性紫癜、佝偻病区别。

治疗方法

（1）补充维生素 C（20～100 毫克/次，1～2 次/日，口服），严重时维生素 C 加量（1～3 克/次，静滴，1 次/日，连用 5～7 日）。

（2）做好口腔护理，饲喂柔软饲料。如有巨幼红细胞性贫血，补充维生素 B_{12} 和叶酸。

预防措施

避免饲喂蒸煮过度的饲料，及时治疗原发病。

8. 蛋白质缺乏症

蛋白质缺乏症是以血浆蛋白减少、胶体渗透压降低、全身性水肿为特征的疾病，亦称低蛋白血症。

诊断要点

（1）长期采食蛋白质含量不高的饲料，长期腹泻，吸收不良综合征，腹水，肾脏疾病，肝脏疾病等，均可引起本病。

（2）病犬被毛粗乱，食欲减退或废绝，贫血，体重减轻，消瘦，免疫功能减退。

（3）重病犬可出现水肿、腹水。

（4）妊娠母犬蛋白质缺乏时，所产仔犬体弱，发育不良，常会在生后几天内死亡。

（5）血液总蛋白水平降低，总蛋白低于 5 克/分升，白蛋白低于 3 克/分升。

治疗方法

以蛋、肉、乳制品等优质蛋白质饲料喂给，可改善症状。妊娠期间母犬饲喂生肝，可以减少弱胎发生率。

预防措施

饲料中的蛋白质含量应满足犬的需要。犬对蛋白质的需要，按干物质计算，饲料中至少要含 20%～28%，约为饲料总热量的 20%，泌乳母犬需要更高。

9. 脂肪缺乏症

脂肪缺乏症是饲料中缺乏脂肪而导致脂溶性维生素缺乏症及中枢神经系统的功能障碍等的疾病。

诊断要点

（1）过度运动，长期训练，饲料中脂肪含量低、脂肪酸败等，均可引起本病。

（2）病犬易疲劳，精神差，兴奋性低。

（3）脂肪酸缺乏时，病犬被毛枯燥，皮肤脱屑。外耳道及趾间有湿润性皮炎。

（4）易继发多种维生素缺乏及脓皮症。

（5）若有创伤，伤口愈合缓慢。

治疗方法

（1）添加脂肪，可在食物中加入适量植物油，尤其注意添加必需脂肪酸。

（2）投予具有抗氧化作用的维生素 E（每日每千克体重 50 毫克，口服）。

（3）防止继发感染。

预防措施

保证饲料中含有足量的脂肪，尤其是必需脂肪酸。按干物质计算，犬需要饲料中含 5%的脂肪，为适应犬运动量的需要，可以增加到12%～14%。

10. 营养性衰竭症

营养性衰竭症是饲料缺乏、营养物质摄入不足，或由于某种原因使机体能量消耗过多，导致体质严重亏损和消瘦的一种营养不良综合征。

诊断要点

（1）犬瘟热、传染性肝炎等传染病，巴贝西虫病等寄生虫病，消化功能减退，吸收不良等，均可引起本病。

（2）病犬有一定的食欲和饮欲，进行性消瘦，骨架显露。

（3）被毛粗乱，易脱落，丧失固有光泽。皮肤枯干，多屑，弹性降低。

（4）精神沉郁、站立无神，有时体温偏低，可视黏膜淡白，末梢发凉。

（5）轻微运动后呼吸增快，脉搏增数。病重时心率快而弱。

（6）辅助检查，可见贫血、低蛋白血症等变化。

治疗方法

（1）补充营养，增喂肉、奶等高蛋白质易消化的饲料。

（2）采用维持疗法，补充维生素C、肌苷、ATP等，且应注意纠正脱水及电解质失衡。

（3）找出病因，积极治疗原发病。

11. 锌缺乏症

锌缺乏症是饲料中锌含量不足或存在干扰锌吸收、利用的因素而使犬体内对锌的需求量得不到满足所引起的一种营养代谢病。

诊断要点

（1）病犬所采食的饲料中每千克饲料中锌含量低于50毫克，钙、磷、钴、铜含量过高，过量饲喂粗纤维等，均可引起本病。

（2）本病是仔幼犬常见的一种疾病。

（3）在颜面、肛门、趾掌、腹部等处可见脱毛、角化过度及痂皮形成。颜面上症状最常见于眼周及口唇周围。病损皮肤有轻度瘙痒，并发细菌感染时痒觉明显。

（4）病犬食欲不振，发育不良，毛色干枯，消化功能紊乱。

（5）伤口愈合不良。

（6）常并发眼疾、繁殖障碍、甲状腺功能低下症。

（7）皮肤组织学检查为角化不全或过度角化病变。

（8）可用原子吸光法测定血清中或被毛中的锌含量作为辅助手段，犬血清锌平均值为14.4微摩尔/升（10.3～19.1微摩尔/升），被毛锌平均值为130微摩尔/毫克（100～160微摩尔/升）。

（9）应注意与维生素缺乏症、犬瘟热等病区别。

治疗方法

（1）补锌，可使用硫酸锌、葡萄糖酸锌、碳酸锌，一般20～100毫克/日，10～14天可痊愈。仔犬剂量为每千克体重2毫克。投锌后若出现呕吐，则减少剂量或暂时停药。

（2）并用复合维生素B和维生素E。

12. 铁缺乏症

铁缺乏症是饲料中铁缺乏、铁摄入不足，或铁丢失过多引起的一种营养代谢病。

诊断要点

（1）寄生虫感染，采食的饲料中含铁量较低，哺乳母犬采食铁量不足，胃肠疾病，慢性失血等，均可引起本病。

（2）常见于10～13日龄仔犬、哺乳母犬、妊娠母犬。仔犬衰弱，食欲不振，嗜睡，可视黏膜苍白，常在10～13日龄时安静地死亡。严重时可引起全窝40%～60%的仔犬死亡。成年犬虚弱，食欲缺乏，可视黏膜淡白，异嗜。严重时可见口腔炎，舌炎，被毛干枯易脱落。

（3）血液学检查，可见小细胞、低色素性贫血。白细胞及血小板一般无特殊变化。网织红细胞正常或轻度增高。治疗奏效后，网织红细胞上升并达高峰，以后逐渐下降。

（4）骨髓象检查，显示幼红细胞系统增生，各阶段红细胞均小于正常，中、晚幼红细胞更小，核染色质致密，胞浆量少呈多色性，边缘不整。骨髓铁染色检查，显示细胞外铁消失，铁粒幼红细胞减少。

治疗方法

（1）病因防治。在犬怀孕期内饲喂足量的肝或铁剂，哺乳期母犬多饲喂心、肝、肾、鸡蛋等。

（2）补充铁剂，可选用硫酸亚铁（0.3～0.6克，3次/日，口服）、碳酸亚铁（1克，3次/日，口服）、右旋糖酐铁（50毫克/次，1次/日，肌注）。

（3）补充维生素C及胃蛋白酶，促进铁的吸收。

（4）严重病犬可输血或输红细胞。

预防措施

（1）母犬妊娠期、哺乳期多饲喂肝、肾、心、鸡蛋等。

（2）仔犬多喂肝等含铁的饲料。及时驱虫，积极治疗慢性出血性疾病。

13. 硒缺乏症

硒缺乏症是犬体内微量元素硒缺乏或不足而引起的以骨骼肌、心肌和肝脏组织变性、坏死为特征的疾病。

诊断要点

（1）多发于6月龄左右的幼犬。

（2）各品种犬均可发生，无性别差异。

（3）病犬颜面、肛门、指掌、腹部脱毛，皮肤变硬，有痂皮形成，颜面部症状较重，尤以眼睑、唇周围明显。轻度瘙痒。组织学检查，可见病损皮肤角化不全。

(4) 疾病初期，病犬一般无其他明显异常。慢性严重的病例，则并发眼病，生长发育不良。测定血清和被毛中硒值，低于正常值。

(5) 用硒剂治疗后症状减轻，1～2周痊愈。

治疗方法

(1) 补充硒剂，可用亚硒酸钠（20～100毫克/日，1次/日，口服，连用10～14日）。如服药后有反应，可减少剂量。

(2) 同时使用复合维生素B及维生素E，可提高疗效。

14. 甲状旁腺功能亢进症

甲状旁腺功能亢进症是指甲状旁腺分泌过多引起的疾病，可分为原发性、继发性肾性、继发营养性等3种。

诊断要点

(1) 病犬有甲状旁腺瘤、慢性肾病、营养性钙磷摄入慢性不平衡等病史。

(2) 继发营养性多见于饲喂肉类的幼犬，原发性常见于5～9岁的犬。

(3) 病犬食欲不振，便秘，喜饮，肌肉无力。运动功能障碍，表现为后肢跛行，步态不协调，强直，动作缓慢，咀嚼发生障碍。牙齿脱落，易发生骨折，鼻腔狭窄。

(4) X线检查，可见普遍性骨质疏松、骨折、畸形，骨折可呈纤维状虫蚀状、囊样形成，肾脏可见肾钙化及肾结石。

(5) 实验室辅助检查见表8-1。

治疗方法

(1) 查明原因，对因治疗。

(2) 甲状旁腺肿瘤病犬可施行手术治疗，术前给予低钙、低磷

表 8-1 甲状旁腺功能亢进检查结果

项目	原发性	继发性肾性	继发营养性	假性
血清钙	增加	正常值的下限	正常值的下限	增加
血清磷	减少	增加	增加或正常	减少
尿中钙	增加	减少	减少	增加
血清碱性磷酸酶	正常或增加	正常或增加	正常或增加	正常或增加
尿素氮	增加	增加	正常	增加
肌酸酐	增加	增加	正常	增加
红细胞数	正常	减少	正常	正常

饮食，术后防止低血钙的发生，发生惊厥、搐搦时应静注葡萄糖酸钙。

（3）甲状旁腺危象的处理：低钙、低磷饮食及纠正水电解质紊乱；依地酸二钠钙，按每千克体重 50 毫克加入 5%葡萄糖内静滴；利尿降钙，可用呋塞米（40～100 毫克/次，1 次/日，肌注）或使用降钙素。

15. 甲状腺功能低下症

甲状腺功能低下症是由于甲状腺激素合成或分泌不足所引起的疾病。

诊断要点

（1）大多发生在成年犬。大型犬年龄稍低，一般为 2～5 岁。幼犬有时可见甲状腺形成不全和因碘缺乏而引起的本病。

（2）多发于德国牧羊犬、爱尔兰犬、英国斗牛犬、西班牙犬和贝生吉犬。

（3）皮肤被毛异常：颈部、背部、胸部、腹侧部及大腿后部常脱毛。大型犬四肢脱毛，局限性及浸润性皮肤色素沉着。前肢下部、眼上方的皮肤呈黏液水肿样肥厚，眼睑下垂，颜面呈现“悲惨”表情。

(4) 体重增加，肥胖。

(5) 病犬嗜睡，动作缓慢，关节及肌肉强直疼痛。

(6) 性欲减退，发情休止期延长，性周期紊乱，不妊，流产。病程较长时，雄犬的睾丸萎缩。

(7) 血液学检查，可见红细胞、红细胞压积、血红蛋白减少，血清胆固醇增加，血清碱性磷酸酶增加。

(8) 激素测定，可见 T_3、T_4 值低下。原发性甲状腺功能低下症，T_4 减少，TSH 值增加。继发性甲状腺功能低下症，TSH 值降低。

(9) 心电图显示低电压、窦性心动过缓及 T 波低平或倒置。

(10) X 线检查，可见骨骺与骨干的愈合延迟，骨龄落后于实际年龄。

治疗方法

(1) 激素治疗，可用干甲状腺素片（15～30 毫克/日，1 次/日，以后每 1～2 周增加 1 倍，最终达到每日每千克体重 1～3 克）、T4 和 T3 混合剂［按（3～4）：1 的比例配成合剂或片剂服用］。

(2) 治疗贫血、心肌缺血、肾上腺皮质功能减退等并发症。一般使用 ATP、维生素 C、肌苷、维生素 B_{12}、铁剂、氢化可的松等。

16. 甲状腺功能亢进症

甲状腺功能亢进症是由于甲状腺素分泌过多，引起新陈代谢亢进、交感神经兴奋、甲状腺上皮肥大和增生的疾病。

诊断要点

(1) 病犬起病缓慢。

(2) 食欲增加，烦渴，多尿，体重减少。烦躁不安，神经质，突眼。心跳加快，心音亢进，有时有心杂音。呼吸增数，代谢率增高。甲状腺组织肥大、增生。

（3）基础代谢率增高。

（4）血清甲状腺素增加，血清促甲状腺素降低或测不出。

（5）白细胞正常或稍低，淋巴细胞增高，血清胆固醇降低，24小时尿肌酸排出增多。

治疗方法

（1）自发性甲状腺功能亢进症，可用外科和内科的方法处理。

（2）药物治疗，可用甲基硫氧嘧啶（0.05～0.1克/日，口服）、甲亢平（5～10毫克，3次/日，口服）。治疗时应注意血红蛋白和红细胞、白细胞计数。若白细胞数减少较少，应立即停药。

17. 柯兴病

柯兴病是因各种原因使犬肾上腺皮质功能亢进、肾上腺素分泌过度的一种疾病。

诊断要点

（1）多见于8～9岁的母犬。常见于腊肠犬、波士顿叙利亚犬、拳狮犬等。波士顿叙利亚犬有遗传倾向。

（2）初期在颈部、肋部、骨隆起的部位及背部、腹部对称性脱毛，一般最常发生在头及四肢的末端。病损皮肤色素沉着。病犬肌肉无力，尤其是头部及四肢的肌肉显著，腹肌紧张性降低，腹围增大。公犬睾丸萎缩，母犬不发情。烦渴，多尿。

（3）血液学检查，可见嗜酸性粒细胞减少（100/毫米^{3}以下），淋巴细胞减少（1000/毫米^{3}以下），血清胆固醇增加，糖耐量降低，高钠，低钾，碱中毒。

（4）地塞米松抑制试验时，少量静脉注射后，正常犬血浆的可的松值较低，但本病犬可的松值不降低。

（5）给予外来性的促肾上腺皮质激素后，血浆可的松值较正常犬（3～10 毫克/分升）增加 2～3 倍，一般可达 20 毫克/分升以上；脑下垂体依存性肾上腺皮质功能亢进症，则增加 5～10 倍；肾上腺依存性者，则血浆可的松不增加。

（6）X 线检查，可见肝肿或肾上腺肿瘤、软部组织异常矿物化。

治疗方法

（1）给予高蛋白质、高维生素饲料，纠正代谢及电解质紊乱，控制感染。

（2）手术切除肾上腺，但手术前必须给予盐皮质激素、糖皮质激素和盐，如醋酸脱氧皮质酮及醋酸可的松等。

（3）药物治疗，可用双氯苯二氯乙烷（1～3 克/次，2 次/日，口服）、塞庚啶（4～8 毫克/次，2 次/日，口服）、甲吡酮（100～200 毫克/次，3 次/日）、螺旋内脂固醇（20～30 毫克/次，3 次/日）。

18. 雌激素分泌过多症

雌激素分泌过多症是卵巢囊肿、卵巢功能障碍或者医源性投给过量雌激素所引起的一种内分泌紊乱性疾病。

诊断要点

（1）卵巢囊肿，卵巢功能障碍，大量投予雌激素，同期发情等，可引起本病。

（2）病犬有乳头肿大，阴户肿胀，阴道内流出血样分泌物等发情症状出现。发情周期不正常，假孕。生殖器或会阴周围脱毛，色素沉着，角化亢进，严重时病变可蔓延到腋窝。转为慢性时则表现脂漏性皮炎、外耳炎、痂皮形成病变。

（3）摘出卵巢囊肿做组织学检查。

（4）应注意与肾上腺皮质功能低下症及甲状腺功能低下症鉴别诊断。

治疗方法

（1）施行卵巢摘除术。

（2）脂漏性皮炎及外耳炎的治疗参考有关内容。

（3）若因大量给予雌激素所致，应立即停止投喂。

19. 雌激素分泌不足症

雌激素分泌不足症是卵巢形成不全、卵巢功能不全或施行卵巢摘除术所引起的一种内分泌紊乱性疾病。

诊断要点

（1）卵巢形成不全，卵巢功能不全，施行卵巢摘除术等，可引起本病。

（2）发情周期不正常，发情症状表现不明显或不发情。乳头、会阴部发育不良。腹部侧面和会阴周围对称性脱毛。皮肤软化。

（3）血液总胆固醇值上升，皮质醇值低下。

（4）应注意和肾上腺皮质功能亢进症、甲状腺功能低下症的鉴别诊断。

治疗方法

（1）使用雌二醇（0.25～2毫克，1次/日，肌注）。

（2）若并发肾上腺及甲状腺的异常，应对症治疗。

20. 烟酸缺乏症

烟酸缺乏症是犬体内烟酸缺乏或不足所引起的以皮炎、腹泻和神经症状为临床特征的一种营养代谢病，又称癞皮病、黑舌病。

诊断要点

（1）长期采食营养不全的饲料，缺少动物性饲料，寄生虫感染，长期腹泻，衰老，妊娠，分娩等，可引起本病。

（2）病犬厌食，喜饮，生长迟缓。消化功能紊乱，腹泻，肠炎，大便带血。口黏膜潮红，唇黏膜、颊黏膜和舌尖上有密集的脓疮，口腔发出臭气，且分泌出黏性的有臭味的唾液。舌面有红色到暗蓝色色素沉着（故称黑舌病）。严重病犬运动失调，反射紊乱，有时甚至发生痉挛。皮肤粗糙，发生红斑，有时出现脓疮、破溃。

（3）哺乳期母犬患本病时，舔舐的仔犬被毛潮湿有黏稠胶样液体。

（4）血液检查，可见红细胞减少，有大红细胞出现，呈大细胞高色素性贫血。

治疗方法

（1）补充烟酸，可用烟酸或烟酰胺（每千克体重 20 毫克，2 次/日，口服，1～2 周为 1 疗程）、维生素 C（20～50 毫克/日，口服）、鱼肝油（1～2 滴/次，2 次/日，口服）。

（2）对症治疗，如清洗口腔、镇惊解痉等。

预防措施

饲料中添加烟酰胺（50 毫克/日）。一般成年犬日需要量每千克体重 0.5 毫克，仔犬日需要量每千克体重 0.25 毫克。

21. 尿崩症

尿崩症是由于犬下丘脑-神经垂体损害，引起抗利尿激素分泌和释放减少，肾脏浓缩功能发生障碍，以致排出大量低比重尿的一种疾病。

诊断要点

（1）脑部肿瘤、感染，颅脑外伤，下丘脑神经结节变性，全身性疾病等，可引起本病。

（2）老犬易发，公母犬均可发生。

（3）进行性或突发性烦渴和多尿、脱水，有时便秘。

（4）尿液比重降低为 1.002～1.006，量多（1 天内可达 20 升），呈水样清亮，无蛋白质、糖。镜检无异常。

（5）加压素敏感试验阳性，即注射后叶加压素鞣酸盐油剂，能使多尿和烦渴消失 6～24 小时。血浆或尿中抗利尿激素缺乏或减少。

（6）限制给水后，还没有脱水现象时，尿量依然很多，尿的比重仍然维持在 1.005。如无脱水症状，尿比重在 1.010 以上，则非尿毒症。

（7）应注意和糖尿病、代偿性慢性肾炎等区别。糖尿病：尿中含糖，比重高达 1.035～1.060，尿呈暗黑色、黄色或琥珀色。代偿性慢性肾炎：尿量少，比重高（1.0101～1.012），含蛋白质、管型等。

治疗方法

（1）饲喂低盐、低蛋白质饮食。

（2）抗利尿激素替代疗法，可用后叶加压素鞣酸盐油剂（0.25～2 单位/次，1～2 次/日，肌内注射，调节到起疗效）、垂体后叶注射液（0.1～0.5 毫升/次，1～2 次/日，肌注或皮注）。

（3）口服药物，可用双氢克尿噻（25～50 毫克/次，1～2 次/日，口服）等。

（4）病因治疗，如系肿瘤、感染、外伤等引起，应给予相应处理。

22. 糖原累积病

糖原累积病是犬肝肾等组织缺乏葡萄糖-6-磷酸酶，使糖原酵解过程发生障碍的一种疾病，又称肝糖原累积病。

诊断要点

（1）病犬父母有近亲繁育史，本病呈常染色体隐性遗传。

（2）常于 6～12 周龄时表现症状，一窝犬中有好几头发病。

（3）病犬虚弱，黏膜苍白，有时惊厥、昏迷、癫痫样发作。

（4）空腹血糖低，一般在 40～60 毫克/升，血内糖原和乳酸增高。

(5) 尿中含有酮体。

(6) 做肾上腺素耐量试验。皮下注射 0.1%肾上腺素每千克体重 0.01 毫升，分别在注射即刻及注射后 10 分钟、30 分钟、60 分钟、90 分钟、120 分钟取血查血糖，病犬血糖升高甚微。

(7) 做胰高血糖素试验。肌内注射每千克体重 30 微克，总量最大不超过 1 毫克，患犬血糖升高不大。

(8) 肝功能检查，可见低蛋白血症，谷丙转氨酸酶升高。

(9) 肝组织活检，可见肝内糖原增加，葡萄糖-6-磷酸酶缺乏。

治疗方法

(1) 维持正常血糖水平，增加进食次数，食物以高碳水化合物、低脂肪饮食为主。一旦发生低血糖立即口服葡萄糖。

(2) 有酸中毒时，宜选用碳酸氢钠，不宜用乳酸钠。

(3) 若发生感染时，及时给予抗生素。

23. 糖尿病

糖尿病又称胰岛素分泌减少症，是由多种原因引起的内分泌代谢疾病，其病理机制是胰岛素缺乏或胰岛素作用受损，从而导致对碳水化合物的不耐受，以致蛋白质和脂肪代谢异常。

诊断要点

(1) 糖尿病分 3 种类型。Ⅰ型糖尿病，与人的胰岛素依赖性糖尿病或幼年发作的糖尿病相似；Ⅱ型糖尿病，与人的非胰岛素依赖性糖尿病或成年发作的糖尿病相似；Ⅲ型糖尿病为继发性糖尿病。7～9 岁犬发生的糖尿病主要为Ⅱ型糖尿病，小于 1 岁的犬发生的糖尿病主要为Ⅰ型糖尿病。

(2) 糖尿病的主要症状为“三多”（多饮、多食、多尿），体重减轻，尿液出现烂苹果味。

(3) 尿糖升高，超过正常 4%～11%，甚至高达 11%～16%。

(4) 有 25%的病例会出现白内障，视网膜脱落，最终导致双目失明。

治疗方法

（1）药物治疗。以胰岛素治疗为主，按病情轻重，每天注射1～10单位，皮下注射。也可口服甲磺吡脲片80毫克，每天2次，连续服2～3周。

（2）食物疗法。对患犬要选择高蛋白质、低碳水化合物、低脂肪的饲料，同时要固定饲料的种类和定时定量饲喂。

（3）保持犬一定的运动量。

九、产科病

1. 阴道炎

阴道炎是犬阴道黏膜的一种炎症。

诊断要点

(1) 尿道炎、慢性子宫内膜炎、布氏杆菌病，以及交配、游泳、人工授精、阴道毛滴虫感染等，均可引起本病。

(2) 病犬常舔阴门，阴唇肿胀，阴蒂充血、敏感，阴道内流出黏液带血或黄色脓性液体。阴道黏膜潮红、肿胀，有红色小结节、小脓疱或肥大的淋巴滤泡。

(3) X线检查，空气或阳性造影剂造影可查明阴道、子宫颈的轮廓。

治疗方法

(1) 剪去会阴部被毛，用1%宫炎清溶液冲洗阴道，擦洗会阴部。

(2) 阴道内投入洗必泰栓（2枚/次，1次/日）。严重病例，可做阴道分泌物药敏试验，局部或全身使用相应抗生素。

(3) 青春期小母犬宜用保守疗法，发情后阴道感染自然消退。

2. 阴道脱

阴道脱是犬阴道壁形成皱褶，突出于阴门之外的一种疾病。

诊断要点

(1) 营养不良、机体瘦弱、怀孕、交配、便秘、腹泻、运动不足等，均可引起本病。多见于动情前期。

（2）有的病犬卧下时阴门张开，黏膜外露，脱出部分常为阴道上壁，此为部分脱出（彩图 42）；有的病犬整个阴道翻到阴门之外，黏膜充血、水肿、破溃化脓或坏死，此为全部脱出。

治疗方法

（1）部分脱出的病犬，改善饲养管理，去除诱发因素，治疗原发病。

（2）全部脱出的病犬，清洗（1%高锰酸钾或 2%明矾溶液），去除坏死组织及污物。整复，固定，预防继发感染。

3. 子宫脱

子宫脱是犬子宫脱出于阴门外的一种疾病。

诊断要点

（1）怀孕期运动不足、肥胖、胎儿过大、分娩时努责过强等，均可引起本病。

（2）分娩后数小时内，阴门中脱出红色或暗红色长圆形物，有污物及血液、渗出物（彩图 43）

治疗方法

（1）保守疗法：清洗，涂抗生素油膏，整复，固定，预防继发感染。

（2）手术疗法：如子宫黏膜损坏严重，无法整复，可施行子宫卵巢切除术，术后应注意预防继发感染。

4. 子宫内膜炎

子宫内膜炎是犬子宫黏膜的一种急性或慢性炎症。

诊断要点

（1）病犬有分娩、难产、流产、胎衣滞留、死胎、子宫张力减退、布氏杆菌病、维生素 A 或维生素 E 缺乏等病史。

（2）病犬体温升高，烦渴，沉郁，厌食，泌乳减少，仔犬腹泻，子宫内排出黏液或血样液体，此为急性子宫炎；病犬屡配不孕或产生衰弱及死亡仔犬，阴门中流出黏液脓性或血样渗出物，性周期紊乱，此为慢性子宫炎。

（3）炎症检查。在试管内放入子宫排出物1～2毫升，再加5～6毫升1%醋酸溶液，溶液中形成黏蛋白凝集物。如沉淀液透明无色，表明无炎症反应；如沉淀液混浊，无凝集物形成，表明有炎症。

（4）血液学检查，急性病例可见白细胞总数增多。

（5）X线检查，可见异常大小或有阴影的子宫。

（6）子宫分泌物细菌培养，可见革兰阴性菌、葡萄球菌及链球菌。

治疗方法

（1）增强子宫紧张性，保持宫颈开放，使用催产素（5单位/次，1次/日）、苯甲酸雌二醇（每千克体重0.2～0.5毫克，1次/日，口服）。

（2）抗生素治疗，可用青霉素（每千克体重2万～4万，2次/日,肌注）、链霉素（每千克体重1万～2万单位，2次/日，肌注）、甲硝唑（每千克体重50毫克，2次/日，口服）、红霉素（每千克体重2～5毫克，2次/日，口服，持续1～3周），也可使用头孢氨苄、头孢维星等。

（3）对症治疗。急性病犬应补液，维持泌乳功能，同时还应注意对仔犬的治疗。

（4）并发子宫积脓或黏膜增生时，可做子宫卵巢切除术。

（5）治疗慢性子宫炎时，禁止使用激素。

预防措施

（1）给予富含维生素A、维生素E的饲料。

（2）做好产房卫生，以及犬体、接产用具的消毒工作。

（3）分娩结束后注射催产素10单位。

5. 子宫积脓

子宫积脓是犬子宫内积蓄脓汁并伴有子宫黏膜增生性变化的一种疾病。

诊断要点

（1）病犬有子宫炎，2～8 周前曾发情、假孕，卵巢功能障碍，孕酮分泌增加等病史。

（2）病犬厌食，沉郁，烦渴，多尿。饮水后呕吐。呼吸加快，体温先升高后降低。性周期紊乱，腹部膨大，子宫角扩张，阴门肿大，排出物腥臭有甜味，进行性衰竭。

（3）子宫积蓄脓汁（彩图 44）。X 线、B 超检查，充满脓液的子宫角清晰可见（彩图 45）。

（4）血液学检查，可见中性粒细胞增多，核左移，常伴有未成熟的细胞、孕酮含量增高。

（5）子宫黏膜广泛增生。

（6）脓汁细菌分离，常见大肠杆菌、链球菌及葡萄球菌。

治疗方法

（1）纠正体液及电解质失衡。

（2）保守疗法，使用激素排空子宫，给予大剂量抗生素消除炎症。可使用己烯雌酚（每千克体重 0.5～1 毫克，1 次/日，肌注）、催产素或垂体后叶素（0.1～0.5 毫升/次，1 次/日，肌注）、青霉素和链霉素并用或使用金霉素（每千克体重 15～30 毫克，2 次/日,口服）或红霉素（每千克体重 2～5 毫克，2 次/日，口服）、先锋霉素 V（每日每千克体重 20～40 毫克，分 3～4 次肌注）。

（3）手术疗法。在纠正水电解质失衡后施行卵巢子宫切除术。术后注意预防继发感染及纠正肾衰竭症状。

6. 缺乳症

缺乳症是母犬分娩后没有乳汁或乳汁很少的疾病。

诊断要点

（1）体质瘦弱或过度肥胖，尚未体成熟或过度衰老，或有产褥热、子宫炎等，均可引起本病。

（2）乳房硬实或柔软，挤压无乳汁流出或只流出少量乳汁。

（3）仔犬生长停滞，哀鸣，腹部空虚，死亡。

治疗方法

（1）改善饲养管理，饲喂牛奶、鸡汤、猪蹄汤等富含蛋白质的流汁饲料。

（2）积极治疗原发病（参见子宫炎、产褥热）。

（3）中药治疗。母犬过度肥胖时，可用木通 9 克、通草 9 克、穿山甲 10 克、王不留行 10 克、鸡 1 只或猪蹄 1000 克煨服，1 剂/日，持续 3 日。母犬体质瘦弱时，可用炒芝麻 500 克、生麦芽 1000 克、食盐 50 克，压细为面料入饲料中，连用数天，同时饲喂鸡汤、猪蹄汤、牛奶等流汁饲料。

（4）雌激素疗法。性发育不全性缺乳，可每天皮下注射己烯雌酚 1～2 毫升，连用 7～8 天。

7. 乳腺炎

乳腺炎是乳腺的一种炎症性疾病。

诊断要点

（1）哺乳、乳房外伤、结核病、布氏杆菌病、子宫炎等，均可引起本病。

（2）病犬乳房肿大变硬，温热疼痛（彩图 46），拒绝触诊及仔犬吸乳。严重时食欲减退，体温升高，精神不振，乳房破溃、化脓。

（3）乳汁细菌培养及药敏试验结果可指导治疗。致病菌一般为葡萄球菌、链球菌、大肠杆菌。

治疗方法

（1）排除乳房分泌物，肌注催产素（5～10 单位/次）后挤出乳汁。每日 3 次。

（2）抗生素治疗，根据药敏试验选择适当抗生素注入乳腺内，一般为青霉素和链霉素。同时可用普鲁卡因青霉素做乳房基部环封，全身使用广谱抗生素，以防止病情恶化。

（3）乳房外部涂布鱼石脂软膏。

（4）形成脓肿时，切开引流。

预防措施

（1）保持乳房卫生。

（2）适时断奶，一般仔犬 4～5 日龄即可断奶。

（3）断奶应逐渐进行。

8. 难产

难产是犬在分娩过程中不能顺利将胎儿排出体外的一种疾病。

诊断要点

（1）产力不足（过肥、怀孕期运动不足等）、产道异常（骨盆狭窄、畸形、发育不全、产道肿瘤、阴道狭窄），以及胎儿过大、胎位不正、子宫捻转等均可引起本病。

（2）病犬阵痛、努责、烦躁不安，间隔 4～6 小时或阵缩持续 30～60 分钟以上仍未见胎儿产出，腹部触诊胎儿已入骨盆口。产力不足性难产时阵缩努责微弱。

（3）X 线检查，可确诊胎位不正及产道异常。

（4）阴道内窥镜可直接观察阴道内壁情况及胎儿先露位置，可确诊阴道是否狭窄及产道有无肿瘤。

治疗方法

（1）保守疗法：产力不足时，肌肉或皮下注射催产素 5～10 单位（30 分钟 1 次，共注射 3 次）；胎儿过大且已入骨盆时，可经产道助产母犬努责时拉出胎儿；胎位不正，胎儿未入骨盆时，可经腹壁按摩，或牵犬走动，一般可自行矫正。

（2）骨盆畸形、产道异常、子宫捻转时应及早施行剖腹产术。术后应注意预防继发感染。

（3）助产时应严格消毒，以防止产后感染的发生。

预防措施

（1）母犬怀孕期应保证全价营养，避免饲喂过量的高蛋白质、高脂肪食物。

（2）保证母犬运动量，增强母犬体质。

（3）产道异常母犬禁止怀孕，或尽早施行剖腹产手术。

（4）妊娠后期禁止母犬翻滚。

9. 胎衣不下

通常犬在分娩一个胎儿后，立即将相应的胎衣排出，有的是胎儿排出 15 分钟后将胎衣排出。如果最后一个胎儿分娩出后 2～6 小时仍不排出胎衣，称为胎衣不下。

诊断要点

（1）在正常情况下，胎儿排出后母犬仅排出少量绿色分泌物，产后数小时内即停止排出。如有较多分泌物不断排出，并由绿色变为黑色，且持续 12 小时以上，即可怀疑为胎衣不下。

（2）胎衣不下初期，病犬表现为不安，剧烈努责，未见胎衣排出，但见阴门流出绿色、暗黑色或红褐色液体，内含有胎衣碎片。

（3）如胎衣滞留超过 24 小时，则病犬体温升高，精神沉郁，食欲废绝，心跳和呼吸加快。如不及时治疗可并发败血症。

（4）B 超检查有助于诊断。

治疗方法

(1) 不超过12小时的病例，可先将甲硝唑注射液灌注子宫，然后投入氨苄青霉素，同时注射催产素促进胎衣排出。

(2) 如出现全身症状，则采用消炎、补液和强心的治疗方法。

(3) 如子宫颈关闭或子宫颈坏死，可剖腹剥离胎衣和切除子宫。

10. 假孕

假孕是母犬在动情期后60天左右出现“怀孕”和泌乳征候的疾病状态。

诊断要点

(1) 病犬大约60天前曾发情或交配。

(2) 腹部轻度膨胀，乳腺轻度增生，乳头可挤出乳汁或腺体分泌物，出现临近分娩时的行为，阴道轻度肿胀，食欲降低，衔草作窝，触诊无胎儿。

(3) 经X线检查，子宫内无胎儿。

治疗方法

(1) 轻症无需治疗。

(2) 保守疗法，可用睾丸素（10～50毫克，肌注）、已烯雌酚（每千克体重0.2～1毫克，肌注）。

(3) 手术治疗，在泌乳停止时施行卵巢子宫切除术。

11. 产后子痫

产后子痫是母犬分娩后的一种严重代谢性疾病，其特征为突发性强直痉挛，运动失调，以致倒地抽搐。

诊断要点

(1) 病犬有怀孕前甲状腺功能减退，怀孕末期饲喂高蛋白质、高脂肪食物，分娩，哺乳等病史。常见于小型犬、兴奋型犬、产仔多的母犬。

(2) 病犬间歇性反复发作，发作时后躯僵硬，共济失调，倒地抽搐，口吐白沫，眼球震颤，呼吸急促，机体对外界刺激敏感。

(3) 血液学检查，血钙低于 7 毫克/分升。

治疗方法

(1) 补钙，可用 10%葡萄糖酸钙（10～30 毫升/次，2 次/日，持续 2 天）。

(2) 镇静，可用盐酸氯丙嗪（50～100 毫克/次，肌注）或盐酸吗啡（1～3 毫升/次，肌注）。也可选用安定、戊巴比妥钠、硫喷妥钠。

(3) 使用皮质激素，如强的松龙（每千克体重 0.5～1 毫克，2 次/日，口服）。

预防措施

怀孕、哺乳期应补充维生素 A、D 及钙片。

12. 产褥热

产褥热是母犬在产后因子宫感染病原微生物所引起的发热性疾病。

诊断要点

(1) 病犬有近期（1～2 天前）分娩史。

(2) 体温升高到 39.5℃以上，不食。精神差，烦渴，泌乳少，脉搏快、弱，结膜充血，鼻镜干燥。仔犬腹泻，哀鸣，体温降低，死亡。

(3) 血液学检查，可见白细胞总数增高，中性粒细胞增多。

(4) 阴道分泌物细菌培养，可确定病菌（一般为链球菌、葡萄球菌、大肠杆菌等）。药敏试验可指导治疗。

治疗方法

(1) 抗菌消炎。大剂量使用抗生素，一般用青霉素（每千克体重2万～4万单位，2次/日，肌注)、链霉素（每千克体重1万～2万单位，2次/日，肌注)、小诺霉素（60万～120万单位/次，2次/日，肌注)、甲硝唑（每千克体重20～50毫克，2次/日，口服或静滴)、先锋霉素V（每日每千克体重20～40毫克，分3～4次肌注)。体温过高时，适当加用复方氨基比林或安乃近。

（2）静注葡萄糖氯化钠注射液及维生素C、磷酸氢钠溶液，纠正脱水、酸中毒。

（3）病情严重时，按子宫炎的治疗方法处理。

（4）仔犬治疗，可用硫酸庆大霉素（4万～8万单位/次，2次/日，口服）或链霉素（10万～20万单位/次，2次/日，口服)。24小时后改用乳酶生及次硝酸铋或次碳酸铋。

预防措施

（1）怀孕期添加维生素A及维生素E。

（2）做好产房、犬体的产前消毒工作。

（3）助产用具及器械应严格消毒，助产时应消毒手臂，防止人为感染。

（4）分娩结束后及时清除污物，擦洗乳房、阴部。

13. 母犬不孕症

母犬不孕症是母犬性成熟以后或分娩后经2～3个性周期仍不发情，或经几次配种后仍不能受孕的一种病理状态。

诊断要点

（1）要区分各种不同病因：疾病性不孕、营养性不孕、环境性不孕、衰老性不孕和技术性不孕。

（2）临床上表现性功能紊乱和障碍，如不发情、持续发情、屡配不孕或不能配种。

（3）生殖器官外部检查，观察外阴的大小、形状、分泌物，检查阴道黏膜颜色，有无炎性分泌物、损伤、水疱和结节，腹部触诊和B超检查可知子宫的位置、大小、质地和内容物的状态。

(4) 通过激素检测，可知丘脑下部、垂体和卵巢的功能状态。

治疗方法

(1) 先天性发育不良所致不孕，可用生殖激素进行调控。

(2) 疾病性不孕，根据不同疾病采取相应的治疗措施。

(3) 营养性或衰老性不孕，可改善饲养环境，给予全价饲料，增加运动。

(4) 环境性不孕，应除去外界不良环境应激因素。

(5) 技术性不孕，应掌握配种时机，多次交配、更换公犬，科学地进行人工授精等。

14. 尿道狭窄

尿道狭窄是尿道内腔变窄，以致尿液排出困难的一种疾病，常见于公犬。

诊断要点

(1) 尿道炎、骨盆骨折、前列腺疾病等，以及施行尿道手术，均可引起本病。

(2) 病犬尿频、淋漓、血尿，常舔尿道外口，排尿痛苦。若尿道堵塞，则出现尿液滞留。

(3) 尿道探诊，常在阴茎口及坐骨弓处发现狭窄部。

治疗方法

(1) 插入导尿管。

(2) 用尿道探子机械扩张狭窄部。

(3) 顽固病例在狭窄上端做人工瘘管。

15. 尿道结石

尿道结石是犬尿道中存在结石的一种疾病。

诊断要点

（1）病犬有膀胱炎、膀胱结石等病，或饲料、饮水中含有过多的钙离子、镁离子。多见于公犬。

（2）病犬努责，尿频，少尿或无尿，尿中带血，步态强拘，触诊膀胱有剧烈疼痛，如阻塞过度则常出现尿毒症。外部触诊可感知结石大小，病犬触诊时疼痛。

（3）出现尿毒症时，血液尿素氮及肌酐含量增加。

（4）X线检查，常在阴茎口后端发现结石致密阴影。

（5）尿道探诊可触及结石所在部位，常在尿道口后端。

（6）产生并发症，如尿毒症、膀胱破裂。

治疗方法

（1）激光或超声波碎石排尿，或用导尿针自尿道口注入生理盐水扩张尿道，突然解除道口压力，使尿道结石随生理盐水一同流出。

（2）尿道造口术除去尿道结石（彩图 47）。

（3）膀胱过度胀满时，进行膀胱插管。尿毒症时，对症治疗。

16. 乳腺肿瘤

乳腺肿瘤是一种发生于乳腺的肿瘤性疾病，常见于老年犬，雌性犬发病率远远高于雄性犬。

诊断要点

（1）常见于未经阉割的母犬，公犬极少发生。

（2）多发于后两对乳腺（彩图 48）。同侧一个或几个乳腺发生单个的结节，其大小为 1～25 厘米不等。

（3）切面分叶、灰棕褐色、密实，常有充满液体的大囊或小囊包。

（4）混合性乳腺肿瘤含有肿瘤性上皮组织和肿瘤性实质组织，一般为良性，切面常具有肉眼可辨认的骨或软骨。

（5）组织学检查，可辨别不同肿瘤。腺瘤：腺上皮组织的良性生长；腺癌：常为迅速生长的肿瘤，由腺上皮组成，常转移到肺；良性混合性乳腺肿瘤：最常见的一种，肿瘤性上皮和实质组织，发育缓慢，可达相当大小，经一定时间后可能转化为恶性肿瘤；恶性混合性乳腺肿瘤：无论上皮或实质组织都可能具有恶性生长的性质，侵害淋巴管和血管，而发生退行性发育和转移。

（6）不管乳腺肿瘤的大小或受侵害乳腺数目多少，都应视为有恶化的可能性。

治疗方法

切除乳腺、卵巢及相应的淋巴结。

十、皮肤病

1. 湿疹

湿疹是犬表皮细胞对致敏物质所引起的一种炎症反应。

诊断要点

（1）本病的病因很复杂，通常分为4种：一是化学因素刺激（如药品、化学物质、炎性渗出物等）；二是物理因素作用（如潮湿、寒冷、炎热、日光照射、环境卫生差、持续性摩擦与压迫、犬身不洁、植物芒刺激等）；三是生物学因素（如昆虫叮咬、外寄生虫寄生等）；四是机体内部因子作用（如皮肤炎性过敏反应、消化功能紊乱、营养失调、慢性肾病、维生素缺乏、内部寄生虫、内分泌障碍等）。

（2）本病的临床表现有急性型和慢性型之分。急性型表现为：突然发病，发展迅速；患部皮肤极度不适，上皮剥脱、红斑、水样渗出、结痂（彩图49），被毛粗乱；病犬不停地搔抓，啃咬患部皮肤；常见于耳下、颈部、背脊、肌外部和肩部。慢性型表现为：突然发病，发展缓慢；患部皮肤病变发展分期明显（即分为红斑期、丘疹期、水疱期、脓疱期、糜烂期、结痂期、落屑期等），最后皮肤肥厚，形成皱襞、苔藓样变，有色素沉着；常见于腕部、踵部等。几种皮炎的症状区别见表10-1。

（3）皮肤寄生虫检查一般为阴性，有助于鉴别诊断。

治疗方法

（1）找出致病原因，及时去除。

（2）口服抗过敏类药物或非特异性抗过敏药，如维生素C、葡

表 10-1　几种皮炎的症状区别

病名	过敏性皮炎	接触性皮炎	食物过敏性皮炎	跳蚤过敏性皮炎
红斑	＋（亚急性）	＋	＋	＋
丘疹	＋		＋	
脓疱	＋			
表皮剥离	＋	＋	＋	＋（慢性）
鳞屑	＋			＋－（慢性）
痂皮	＋（慢性）	＋	＋	
色素沉着	＋（慢性）	＋（慢性）		＋（慢性）
脱毛	＋（亚急性）	＋	＋	＋（慢性）
舐处呈锈色	＋（慢性）			

注："＋"表示存在。

萄糖酸钙等，或皮质类固醇激素（如强的松龙及去炎松）。

（3）局部治疗：止痒，防止渗出，消炎。一般先将局部清洗干净后，涂布去炎松软膏等。若已化脓糜烂，则依感染创处理方法处理。

（4）补充维生素，有利于提高疗效。

预防措施

（1）保持犬体、犬舍清洁卫生。

（2）保持犬舍通风干燥。

（3）避免化学物质刺激皮肤。

（4）及时治疗原发病。

2. 钱癣

钱癣是由犬小芽孢菌等真菌引起的犬及多种动物的皮肤病，又称白癣。

诊断要点

(1) 仔幼犬多发，病灶多见于颜面、耳、四肢及尾部。

(2) 病损皮肤表现为局灶性脱毛。病灶内残留有折断的毛根或在环形斑内完全脱毛，脱毛处有鳞屑、红斑、结痂（彩图50）等。

(3) 脱毛处痒觉表现不明显，若并发细菌感染则痒觉表现明显。

(4) 本病可传染给人，犬主也可能有相似病变。

(5) 菌体检查，有如下4种方法。

一是直接镜检：将毛或皮屑置于载玻片上，加10%～20%氢氧化钾数滴，静置30～60分钟，美蓝染色30～60分钟后，置高倍镜下观察有无菌丝或孢子存在。

二是伍德灯检查：被感染的毛发和病灶发出黄绿色荧光。检查应在治疗前进行，犬小芽孢菌屑的检出率约为50%。

三是菌体培养：取毛发或搔脱物置于用萨布罗培养基琼脂面上，琼脂中加入氯霉素或亚胺环己酮，以防杂菌生长。室温(25℃)培养1～4周，依菌丝、孢子、分生孢子鉴定菌体。犬小芽孢菌的菌落呈白色棉花状或淡黄色，大分生孢子含7～10个小室，为纺锤状。石膏小芽孢菌的菌落呈白色棉花状到淡黄褐色粉状。发癣菌则形成黄白色棉花状或粉状菌落，小分生孢子呈葡萄状，大分生孢子呈棒状。

四是皮肤活组织检查：取皮肤患部组织经福尔马林固定后做组织切片检查。

(6) 应注意与脂漏症、毛囊虫症、皮炎、组织细胞瘤、毛囊炎等区别。

治疗方法

(1) 防止感染扩散。剪去患部及其周围部分的被毛，及时使用药物。

(2) 药物治疗：局部用药，每天涂擦酮康唑软膏或克霉唑软膏或克霉唑水剂。全身用药，可用灰黄霉素（每千克体重 20～60 毫克，2 次/日，口服，连用 2～3 周）；或用 1/300 克菌丹溶液、0.5%硫化石灰、0.5%洗必泰等药浴，每周 2 次。

3. 毛囊炎

毛囊炎是毛囊及其相邻皮脂腺的化脓性炎症。

诊断要点

（1）犬身不洁、皮肤外伤、过度潮湿、犬瘟热、碘中毒等可引起本病。

（2）常发生于鼻梁、面颊、四肢外侧皮肤。仔犬多见于唇部、眼睑、耳廓。

（3）病损皮肤潮红、疼痛，斑块状脱毛（彩图 51）。严重病例皮肤呈蓝红色，凹凸不平，肿胀剧烈，可挤压出稀薄脓汁及坏死组织。

（4）瘙痒不明显，无鳞屑、痂皮。

（5）脓汁细菌检查，主要为葡萄球菌、链球菌等。

治疗方法

（1）保持皮肤及犬舍清洁、干燥。

（2）局部治疗：剪毛，消毒，涂布硫黄水杨酸软膏、10%鱼石脂软膏或硫黄散剂。化脓性病损应配合使用抗生素软膏。

（3）全身治疗：全身使用广谱抗生素，如盐酸林可霉素（每千克体重 20 毫克，2 次/日，口服）、红霉素（每千克体重 15 毫克，3 次/日，口服），给予高质量饲料，添加维生素 A 及维生素 C。

4. 脓皮病

脓皮病是犬的一种皮肤化脓性感染，又称化脓性皮炎、痤疮。

诊断要点

（1）犬体及环境卫生较差，或曾患犬瘟热等传染病。

（2）仔犬、长毛犬多发。

（3）浅在性脓皮病多见于腹部、腹股沟、大腿内面，也可见于头、鼻、唇、阴门皱襞或爪。深在性脓皮病多见于肢端和臀部，以皮肤、毛囊、皮脂腺、皮肤的较深部位及皮下组织贯穿发生化脓性炎症为特征（彩图52）。病犬体温升高，贫血，白细胞增多，局部淋巴结肿大。

（4）脓汁细菌分离及药敏试验可确定病原。

治疗方法

（1）局部治疗：清洁皮肤后以龙胆紫或碘酊涂擦局部，严重时选择抗生素软膏治疗。

（2）全身治疗：添加维生素A。深在性脓皮病病犬应根据药敏试验选用抗生素，防止继发感染，一般用红霉素（每千克体重15毫克，3次/日，口服）、盐酸林可霉素（每千克体重20毫克，2次/日，口服）。有经验者尚可用X线疗法治疗顽固病例。

预防措施

（1）保持犬体、环境清洁卫生。

（2）饲喂富含蛋白质及维生素的全价饲料。

5. 肢端舔触性皮炎

肢端舔触性皮炎是犬本身对四肢舔触而引起的结节性皮炎。

诊断要点

（1）易发于大型、短毛犬种。

（2）病犬不断地舔触四肢的某一部位。舔触处脱毛，表皮红肿、溃疡，继发感染时化脓，创面呈卵圆形并逐渐扩大。

（3）应与湿疹、癣、疥螨病区别。

治疗方法

局部涂擦强的松软膏（3～4次/日），涂擦后立即牵犬外出活动，制止其舔触。有细菌感染时，皮损处经清洗后，局部涂布抗生素软膏。

预防措施

（1）增加犬的运动量。

（2）经常散放，改变无聊环境。

6. 蠕形螨病

蠕形螨病是由犬蠕形螨引起的犬皮肤病，又称脂螨病。

诊断要点

（1）多见于幼犬。

（2）病犬眼周、口唇、四肢等部位有脱毛斑（彩图 53）。

（3）病损皮肤稍增厚，呈鳞屑状，或出现红斑，色素不同程度地增多（彩图 54）。痒觉表现不明显。

（4）严重病例，病变波及全身，表现脓疱病症状，病损皮肤化脓，有脓血渗出。

（5）虫体检查，有如下 3 种方法。

一是直接镜检：取病损皮肤深部皮屑置于载玻片上，滴加 10%～20%氢氧化钾，稍加温，使皮屑溶解，在低倍镜下可见虫体。成虫、若虫有 8 条腿，每条腿可分 5 节（图 10-1），幼虫只有 6 条腿，虫体具有蠕虫状体形，腹部细长有横纹（彩图 55）。

图 10-1　犬蠕形螨

二是皮肤活组织检查：可检出虫体，并可依皮肤病变作类症鉴别（彩图 56）。

三是粪便检查：犬常舔舐患部，可食入虫体，在粪便中可能检出虫体。

（6）注意和秃毛癣、湿疹、脓皮病、过敏性皮炎等区别。

治疗方法

(1) 局部治疗：剪除患部及周围被毛，用肥皂或0.2%甲酚皂溶液清洗患部，去除痂皮和鳞屑。局部涂擦25%杀虫脒水剂，或敌百虫合剂（敌百虫5克，甲酚皂溶液1毫升，加水100毫升混合而成），每2～5日用药1次。轻症病犬及脓疱型病犬可涂浓碘酊。

(2) 全身治疗：肌肉注射伊维菌素（每千克体重0.4毫克，皮下注射），每周1次，连用4次；用1%敌百虫水溶液或0.1%赛福丁、硫黄等药浴；全身性脓疱型病犬应选择使用抗生素，一般可用盐酸林可霉素（每千克体重20毫克，2次/日，口服）、红霉素（每千克体重15毫克，3次/日，口服）。

预防措施

(1) 加强饲养管理，保持犬舍、犬床清洁。

(2) 定期喷洒敌敌畏或敌百虫。

(3) 新引进犬要隔离检疫。

7. 疥螨病

疥螨病是由犬疥螨引起的犬的一种皮肤病。

诊断要点

(1) 和疥螨病患犬接触的犬可发生本病。

(2) 病损主要从头部眼、耳、鼻及周围开始，然后波及颈部、腹部和四肢。

(3) 病损皮肤奇痒、脱毛、干燥、增厚，并形成皱褶或痂皮（彩图57），常因啃咬和摩擦而破溃。几种犬寄生虫皮肤病的症状区别见表10-2。

(4) 侵袭外耳时，犬斜颈，甩耳，耳道内积有黑褐色炎症分泌物（呈耳炎症状）。

(5) 虫体检查。直接镜检：取病损皮肤深部皮屑，加5%～10%

表 10-2　几种犬寄生虫皮肤病的症状区别

皮肤病变	跳蚤感染	疥螨病	趾间湿疹	蠕形螨局部感染	蠕形螨全身感染	耳疥螨病
红斑		+		+	+	+
丘疹	+	+		+		
脓疱		+				
癣						+
表皮剥离	+	+				+
鳞屑			+	+		
痂皮	+	+				
色素沉着	+			+	+	
过度角化	+					
脱毛	+	+		+	+	+
落屑	+			+		
浮肿					+	
脂漏					+	
脓皮症					+	

注：“+”表示存在。

氢氧化钾，待透明后在低倍镜下可见螨体呈圆形，有4条腿，除最后1对外，均伸出体缘外（图10-2）。皮肤活体检查：可检出虫体，观察到皮下隧道（图10-3），从而做出诊断。

（6）应注意与湿疹、过敏性皮炎、真菌病、细菌性外耳炎等区别。

治疗方法

（1）局部治疗：局部剪毛，用2％甲酚皂溶液清洗，去除病皮；涂布硫黄软膏、疥灵霜、25％苯甲酸苄酯溶液及石硫合剂。

（2）全身治疗：全身均有感染时可用2％敌百虫液药浴，或肌

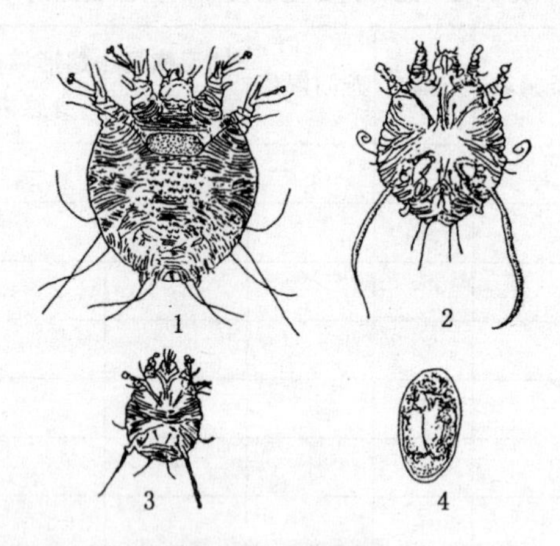

图 10-2　犬疥螨

1. 雌虫背面　2. 雄虫腹面　3. 幼虫　4. 虫卵

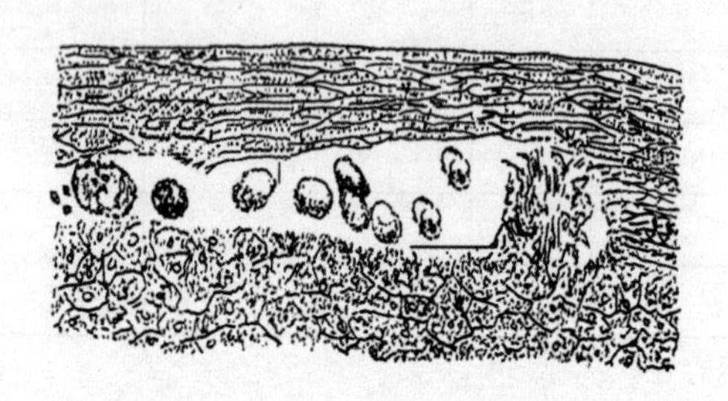

图 10-3　疥螨在皮肤内挖隧道产卵

内注射伊维菌素（每千克体重 0.4 毫克）。继发感染时应使用抗生素。

预防措施

（1）保持犬体、犬舍清洁。

（2）及时治疗、隔离病犬。

（3）定期喷洒杀虫药，如 0.2%氰戊菊酯。

（4）新引进犬应隔离检查有无螨虫。

8. 恙虫病

恙虫病是由恙虫引起的犬的皮肤病。

诊断要点

（1）和恙虫病犬接触，可引起本病。

（2）多发于幼犬。

（3）病损多见于背正中线上。病损皮肤有鳞屑、丘疹，常因痛痒摩擦而破溃。

（4）虫体检查方法与疥螨病相同，恙虫躯体前端有似指甲状物，此为其特征。

（5）应与脂溢性皮炎、脓皮症、真菌病区别。

治疗方法

（1）伊维菌素喷洒或硫黄软膏外涂杀虫。

（2）尿素软膏或肤轻松软膏外涂止痒去丘疹。

（3）有感染时使用抗生素。

预防措施

禁止与患本病的犬、猫接触。

9. 趾间囊肿

趾间囊肿是侵害犬趾间蹼的一种炎性多形性小结节。

诊断要点

（1）病犬趾间有异物（内生毛发、麦芒、砂粒、草籽等）刺激，或被葡萄球菌等细菌感染。

（2）趾间有小丘疹或淡紫红色结节，结节直径为 1～2 厘米，表面光亮有波动感（彩图 58）。挤破时，渗出黏稠血样物。

（3）异物性结节常单个出现，且多见于前肢趾间，有疼痛表现，跛行。

（4）细菌性结节常多个同时发生，疼痛不明显，将要破溃时疼痛明显。

（5）结节渗出物细菌培养及药敏试验可确认病原。

（6）应和趾间湿疹、蜱害区别。

治疗方法

（1）如系细菌性肉芽肿结节，应根据细菌培养及药敏试验结果，选用适当抗生素。一般用红霉素软膏（3次/日，外涂）、金霉素软膏（3次/日，外涂）。治疗时常需镇痛，可用安痛定(2次/日，肌注)；或用绷带包垫爪部，穿特制小靴，防止舔舐。

（2）如系异物性肉芽肿结节，应去除异物，予以热敷（3～4次/日，15～20分/次）。疗效不明显时，外科切除。

10. 鼻湿疹

鼻湿疹是一种先天性的皮肤对阳光的异常反应，又称柯利牧羊犬鼻病。

诊断要点

（1）常见于德国牧羊犬、柯利牧羊犬、雪特兰牧羊犬及其杂种犬。

（2）病损主要发生在鼻、眼及邻近部位。

（3）病情发展缓慢，往往突然加重，夏秋季节病最为严重，冬季减轻。

（4）鼻梁皮肤高度敏感，病损由鼻梁蔓延至眼眶周围皮肤，并伴发眼结膜炎和眼睑炎。

（5）病变皮肤剥落后，发生结痂、溃疡和出血，色素消失后皮肤即变粉红色甚至鲜红色，并有疼痛感。

（6）注意和疥癣、湿疹、真菌性皮肤病区别。

治疗方法

（1）避免阳光照射病犬。

（2）必须连续治疗。

（3）药物治疗，可用对氨基苯甲酸（体重10千克以内犬，1克/次，3次/日，口服；体重10～25千克犬，2克/次，3次/日，口服；体重25千克以上犬，2克/次，4次/日，口服）。并发细菌感染时，配合使用抗生素软膏，如强的松龙新霉素软膏（3次/日，局部涂布）。

预防措施

（1）局部涂布阳光遮护剂，可用盐酸阿的平（0.5～1片，2次/日,连服2周后改为1次/日）、双磷酸氯奎（125～250毫克/日，口服，注意其副作用）。

（2）避免阳光直射犬只。

11. 秃毛癣

秃毛癣是由发癣菌属和小芽孢菌属真菌引起的犬的皮肤病。

诊断要点

（1）病犬有与患该病的犬、猫、鼠等接触的病史。天气潮湿、皮肤损伤是本病的诱因。

（2）本病潜伏期为数周到1月。

（3）病犬皮损常见于头部、颈部、四肢，严重时波及体表大部分。

（4）病损皮肤上有圆形秃毛斑，被覆灰色鳞屑。

（5）深在性秃毛癣，病损皮肤隆起、硬固、发黑，触压疼痛，被毛脱光，毛囊口扩张，按压可排出脓汁。病程长。

（6）小芽孢癣菌病，病损皮肤保持光滑，癣斑不规则，被毛折断，无痒感表现，伍德灯检查被毛可见浅绿色荧光。

治疗方法

（1）清洁背毛，清洗液可用0.1%苯扎溴铵溶液。

（2）药物治疗，局部涂擦5%～10%磺酊或10%水杨酸酒精，1次/日，直到痊愈。

预防措施

（1）避免和病犬、猫接触。

（2）坚持检查、消毒，发现病犬及时隔离治疗。

12. 皮屑芽孢菌病

皮屑芽孢菌病是由于皮屑芽孢菌的大量生长繁殖而引起的皮肤或耳朵的疾病，又称犬马拉色菌病。通常这种病原菌不会导致犬出现皮肤问题，但是在某些情况下，这种菌大量繁殖可致病。

诊断要点

（1）病犬歪头、甩耳，或搔扒耳道。

（2）耳道内流出大量黑褐色浓稠分泌物，外耳道红肿。

（3）菌体检查方法有以下两种。

一是直接镜检法：取耳道炎症分泌物置载玻片上，用亚甲蓝、姬姆萨或革兰染色液镜检，病原体为犬糠疹癣菌。

二是培养法：取病料置于麦芽培养基上，37℃下培养，发育速度缓慢。培养后，取菌体镜检。

（4）应注意与外耳道湿疹、外耳炎区别。

治疗方法

（1）保持外耳道清洁、干燥。

（2）局部涂擦克霉唑软膏或制霉菌素软膏。

13. 脂漏性皮炎

脂漏性皮炎是因皮脂腺分泌过多或病变引起皮脂腺功能异常，皮肤散发出一股特殊油脂味，皮肤油腻感增加或皮肤表面积有痂皮或鳞屑的一种皮肤病，又称脂溢性皮炎。

诊断要点

（1）病犬有甲状腺功能低下症、性功能不全、脂肪缺乏、吸收不良、消化不良、肝脏疾病、肿瘤及维生素 A 缺乏等全身性疾病，或有过敏及其他皮肤病病史。

（2）如为干性脂漏，则皮肤表面蓄积有痂皮或鳞屑。

（3）如为油性脂漏，则病犬背部、腹部、耳翼、眼周、乳头周围有乳状或脂性的鳞屑或痂皮（彩图 59），常并发有脂性耳垢的外耳炎。

（4）病犬皮肤散发出油脂臭味。

（5）局部或全身被毛稀疏。

（6）全身性瘙痒感，患犬不安，皮肤破损，并发细菌感染时痒觉更明显。

治疗方法

（1）找出病因，积极治疗原发病。

（2）药物治疗，可用强的松龙（每千克体重 0.2～0.5 毫克，2 次/日，口服）、醋酸可的松（每千克体重 0.5～1 毫克，2 次/日，口服）。也可用醋酸可的松尿素软膏或肤轻松软膏涂擦（3 次/日），干性脂漏也可使用含鱼石脂、松馏油的软膏外部涂擦。

（3）矫正脂肪、蛋白质、维生素等营养失衡。

14. 皮肤瘙痒症

皮肤瘙痒症是犬皮肤的表面看不到病变，且无寄生虫及细菌感染，但有痒感的皮肤病，又称神经性皮炎。

诊断要点

（1）病犬有重度黄疸、尿毒症、胃肠功能紊乱、神经性疾患、维生素缺乏、内分泌失调、过敏等病史，或患有肠道蠕虫病、舌形虫病、湿疹等，可引起本病。

（2）犬啃咬或摩擦局部皮肤。

（3）皮肤表现无明显病变。但因啃咬摩擦可破溃，形成皮炎。

（4）皮肤寄生虫检查阴性。

（5）止痒剂治疗效果好。

（6）注意与湿疹等鉴别。

治疗方法

（1）止痒。可用1%～2%樟脑、0.5%～2%薄荷、1%～2%石炭酸、3%～5%苯唑卡因溶液局部涂擦，也可用皮质激素类软膏及抗组胺软膏涂布，还可口服扑尔敏、息斯敏等药物治疗。

（2）改善饲养条件，保持犬体清洁卫生，找出原发病进行治疗。

15. 皮肤和皮下组织的肿瘤性疾病

犬的皮肤和皮下组织常因肿瘤、囊肿、肉芽肿等而出现肿块。犬的皮肤肿瘤性疾病在犬的肿瘤性疾病中占有较大的比例，特别是犬的皮肤癌更是多见。临床上常见的皮肤癌有：组织细胞癌、基底细胞癌、肥大细胞瘤、淋巴肉瘤、纤维肉瘤、恶性黑色素瘤、鳞状细胞癌等。

诊断要点

（1）形态多样的局限性肿瘤呈急性或慢性增生，形成结节或块状。弥漫性向周围扩散，并向附属淋巴结转移。肿瘤无痛痒。基底细胞癌多发生于老年犬，且多见于犬的头部周围；肥大细胞瘤多见于成年犬；恶性黑色素瘤多见于犬的趾部、生殖器和口腔部，发病率随年龄的增大而提高；鳞状细胞癌常发生局部转移。

（2）癌肿破溃出血，形成痂皮，组织形成溃疡，继发感染时附有脓汁且发出臭味。

（3）患犬病到一定程度时表现为精神沉郁、食欲减退、体重减轻。癌瘤转移时，则出现贫血、发热、呕吐、浮肿、咳嗽、血便、胸水和腹水等，并最终呈现恶病质。

（4）血液检查，可见红细胞数减少，白细胞数增加、核左移，转氨酶活性升高。

（5）肿瘤腹腔转移时，腹水增多，呈血样混浊，沉渣含有白细胞、巨噬细胞、红细胞、肿瘤细胞等。

（6）组织活检是确定肿块性质和有无发生转移的一种常用方法。通常经过穿刺、剖开癌肿、抹片镜检可发现恶性肿瘤细胞。

（7）X线检查，可确定肿瘤有无转移及其他肿瘤。

治疗方法

（1）手术切除。手术应尽早进行，并且把瘤体全部切除，切除部分要包括健康的组织和附属的淋巴结。

（2）化学疗法，可用5-氟尿嘧啶（每千克体重5毫克，静注，连用5～7天）等。皮肤肿瘤部可涂布氟尿嘧啶的乳剂。

（3）放射疗法有两种：远距离X线照射和近距离照射法。

（4）冷冻疗法。应用液氮（－193℃）、干冰（－78.5℃）等。方法有如下几种：棉棒法——用棉棒蘸取液氮敷于患部；喷雾法——应用液氮向患部喷雾，患部周围用凡士林涂抹；灌注法——用杯子等将肿瘤包住，然后将液氮灌注入杯子里，将肿瘤浸没，使肿瘤细胞坏死；干冰棒压迫法——将干冰棒压迫于病灶部，使肿瘤细胞死亡。瘤体大小及冷冻物的不同，冻融时间及次数也不等，一般几秒钟至十几秒钟，反复冻融2～3次。冻融时要注意保护周围的健康组织，用凡士林油或棉花保护，术后用过氧化氢溶液清洗创面，一般7～14天病灶剥离，再经7～21天后便可痊愈。

（5）对症疗法。对于贫血和衰弱的病犬，要采取输血和强体疗法，如补给ATP、肌苷、细胞色素C、维生素C、18种氨基酸等，体况好转后再进行上述疗法。

十一、常见内科病

（一）消化系统疾病

1. 唇炎

唇炎是唇或唇皱襞皮肤的一种急性或慢性炎症。

诊断要点

（1）唇部外伤，异物刺激，口腔或其他部位炎症，维生素 B 缺乏，过敏反应，疥螨病，湿疹及其他皮肤病，均可引起本病。

（2）病犬搔抓摩擦唇部，间或流涎，食欲减退。

（3）病患部位皮肤充血、肿胀，有时发生溃疡，表层湿润，附有黏稠黄褐色且带恶臭味的分泌物。慢性感染时毛发变色。

治疗方法

（1）找出病因，去除刺激，积极治疗原发性疾病。

（2）局部清洗，剪毛，按感染创治疗。

（3）唇部黏膜与皮肤交界处皱襞感染严重时，最好手术清除。

2. 口腔乳头状瘤

口腔乳头状瘤是仔幼犬常见的一种口腔良性肿瘤。

诊断要点

（1）最常见于 8 月龄以下幼犬，引起肿瘤的病原是病毒。

（2）病犬口腔黏膜上有一个或多个乳头状瘤（彩图 60）。一般无全身症状，肿瘤数目较多时妨碍采食。瘤体可在几周内自然消退。

治疗方法

一般不需治疗，必要时手术切除。若瘤体被咬破则按感染创处理。

3. 口炎

口炎是各种原因所致的口腔黏膜的炎症。临床上一般分为卡他性口炎、水疱性口炎、溃疡性口炎、坏疽性口炎、霉菌性口炎。

诊断要点

(1) 病犬有受机械刺激、化学性刺激或其他疾病的病史。

(2) 病犬食欲减退，饮欲增加，流涎，口臭。口腔黏膜肿胀、充血、潮红，局部淋巴结肿大。

(3) 不同口炎临床表现不同：卡他性口炎，黏膜充血呈斑状，带状水肿；水疱性口炎，黏膜上有大小不等的水疱；溃疡性口炎，口黏膜表面有溃疡灶，糜烂，流涎，腐臭，常并发于全身疾病；坏疽性口炎：黏膜溃疡面上的灰黄色假膜，常见于维生素 B 缺乏症、尿毒症、钩端螺旋体病；霉菌性口炎，口黏膜上出现柔软白色到灰色的斑点，周围发红，常由白色念珠菌引起。

治疗方法

(1) 去除病因，给予流质饲料。

(2) 直接涂片，培养口腔分泌物，根据药敏试验，选择适当的抗生素。

(3) 口臭严重、口腔分泌物过多时，用 0.1%高锰酸钾或 1%明矾液冲洗口腔。

(4) 口腔黏膜溃疡，可涂布碘甘油或 1%龙胆紫。

(5) 口服维生素 C 和维生素 B，可加快各类口炎的康复过程。

4. 咽炎

咽炎是咽黏膜及其邻近组织炎症的总称，它可以波及软腭、扁桃体和喉。

诊断要点

（1）病犬受机械、化学的刺激和温热或寒冷刺激，或有口腔感染及犬瘟热、狂犬病及呼吸道病毒感染的病史。

（2）病犬体温升高，吞咽困难，流涎，疼痛，咽部黏膜红肿，触压敏感。

（3）X线检查确定有无异物。

（4）血液白细胞总数稍低，多见于病毒感染；白细胞总数增高，多见于细菌感染。

治疗方法

（1）去除病因，消除咽部刺激。

（2）加强护理，给予牛奶、米汤、肉汤等流质食物。

（3）局部治疗，蒸气吸入2％～3％硼酸或涂布碘甘油、0.1％黄色素、0.05％～0.1％硝酸银溶液。

（4）给予抗生素，选用氨苄西林钠（每千克体重10～20毫克，3次/日,口服）或青霉素G钠（每千克体重4万单位，2次/日，肌注）。

5. 牙周炎

牙周炎是牙周围组织的急性或慢性炎症。

诊断要点

（1）病犬齿石过多、齿形齿位不正、软腭过长、下颌功能不全、低钙饮食，或有糖尿病、慢性肾炎等全身性疾病的病史。

（2）病犬大量流涎，不敢咀嚼硬质食物，口臭，牙龈红肿，牙颈部有较多牙垢及牙结石。轻叩患齿，疼痛加重，常伴有牙龈出血、牙周溢脓、牙齿松动。

(3) X线检查可见牙槽骨吸收和硬骨板消失。

治疗方法

(1) 清除齿垢、结石，拔除病齿。

(2) 用生理盐水冲洗口腔，局部涂擦2%碘酊。

(3) 给予流质、柔软饮食。

(4) 防止继发感染。

6. 扁桃腺炎

扁桃腺炎是指犬扁桃腺的急性或慢性炎症，以吞咽困难、咽部肿胀、敏感、流涎为主要特征。

诊断要点

(1) 常发生于小型犬及短头犬。

(2) 常见病原为葡萄球菌及溶血性链球菌。

(3) 病犬体温升高，精神不振，流涎，吞咽困难，下颌淋巴结肿大。

(4) 扁桃腺肿大充血，周围附有黏性黄白色分泌物，严重时呈鲜红色，并有坏死灶或坏死斑（彩图61）。

(5) 白细胞总数增加，中性粒细胞中度增高。

治疗方法

(1) 病犬体温高时，可肌注复方氨基比林（2毫升/次）。持续高热时，可静脉给予5%～10%葡萄糖溶液，并加入青霉素（每千克体重2万单位）、先锋霉素V（每日每千克体重20～40毫克，分3～4次肌注）。

(2) 局部用药，可用2%碘酊涂擦扁桃体和腺窝。

(3) 反复发作的病犬，在病情缓解时，手术摘除扁桃腺。

7. 唾液腺囊肿

唾液腺囊肿是唾液蓄积在唾液腺导管或唾液腺周围组织中形成

的包囊，常见于舌下腺、颌下腺。

诊断要点

(1) 唾液腺周围组织炎症或创伤，可引起本病。

(2) 舌下、下颌区或耳的腹侧肿胀，并逐渐增大。囊肿有波动感，无红、热、痛等炎症现象。

(3) 囊肿穿刺液黏稠、清澈、无异味、灰色，有时带血红色，内含黏蛋白质及淀粉酶。

(4) 将造影剂直接注入囊肿内或自口腔唾液腺导管注入，以X线摄片，判断囊肿位置。

(5) 血常规正常。

治疗方法

切除囊肿组织及其所波及的唾液腺。因舌下腺后部与同侧颌下腺位于同一被膜内，且颌下腺与舌下腺导管相距很近，为避免复发，常将同侧颌下腺与舌下腺一并切除。

8. 唾液腺炎

唾液腺炎是唾液腺或其导管的急性或慢性炎症。

诊断要点

(1) 病犬有唾液腺或其邻近组织受创伤或感染的病史。

(2) 唾液腺区突发性肿胀、疼痛，常伴发脓肿。

(3) 病犬体温升高，食欲减退，流涎，吞咽困难。

(4) 白细胞总数增高，中性粒细胞增多。

治疗方法

(1) 肿胀处热敷，可用热水袋或50%酒精湿热敷，每日数次。局部涂擦碘化钾凡士林软膏。

(2) 全身性抗生素治疗，肌注青霉素（每千克体重1万～2万单位）、硫酸链霉素（每千克体重5～10毫克），重者可用红霉素（每千克体重1～2毫克）或硫酸卡那霉素（每千克体重5～10毫克）、先锋霉素 V（每日每千克体重 20～40 毫克，分 3～4 次肌注）。

（3）脓肿形成时，切开引流，依化脓创处理。若腺体损坏严重，则应手术摘除。

9. 食道炎

食道炎是食道黏膜表层或其深层的炎症。

诊断要点

（1）常继发于食道异物、严重胃炎、药物或刺激性食物刺激、食道肿瘤、食道虫病。

（2）病犬大量流涎，呕吐，吞咽困难，拒食，饮食返流。

（3）X 线钡剂造影可以确定病因及病变程度。

（4）食道内窥镜检查，可见食道黏膜卡他、溃疡或坏死，便于进一步判断病变类型及程度。

治疗方法

（1）饲喂少量无刺激流质饲料，如牛奶、肉汤等。

（2）药物治疗，可用青霉素（每千克体重 10 万单位，口服）、硫酸阿米卡星（每千克体重 5～10 毫克，口服，2 次/日）或硫酸庆大霉素（每次每千克体重 8 万单位）加复合维生素 B（10 毫升/次，2 次/日，口服）、盐酸氯丙嗪（每日每千克体重 4 毫克，分 3～4 次口服）、地塞米松（每千克体重 0.25～1.0 毫克，1 次/日，肌注）。

10. 食道异物

食道异物是食道内有异物滞留或异物阻塞疾病的总称，又称为食道梗阻。

诊断要点

（1）吞食骨块、软骨、肉块、金属、塑料、木头、橡皮、鱼刺等可引起本病。

（2）病犬突然发生流涎，呕吐，头颈伸张，吞咽障碍或疼痛，拒食大块食物或食后即吐。

（3）颈部食道阻塞时，可摸到异物。

（4）X线钡剂造影可显示异物存在的部位及阻塞程度（彩图62）。

（5）食道内窥镜检查可直接观察到异物及食道壁情况。

治疗方法

（1）保守疗法，即根据异物性质及位置，设法用钳子取出异物。如果是可消化且表面光滑的异物，可用胃导管推入胃内。

（2）根据异物部位及大小，选用食道切开或胃切开术取出异物。

预防措施

（1）定时定量喂食，去除食中异物。

（2）在食后不宜投喂骨头。

（3）防止误咽异物。

11. 食道扩张

食道扩张是食道部分或全部管腔直径异常增大的疾病，又称巨食道症。

诊断要点

（1）食道扩张是一种食道神经肌肉性疾病。先天性食道扩张常见于大丹犬、德国牧羊犬、爱尔兰塞特种猎犬。仔犬哺乳期正常，断奶后吞食固体食物时表现临床症状。

（2）临床表现为吞咽困难，饮食返流，食后胸腔入口处膨胀（彩图63），进行性消瘦。

（3）X线钡剂造影检查可观察扩张的食道、食道有无蠕动，食道括约肌的反射频率及范围，进而确诊本病（彩图64）。

治疗方法

(1) 保守疗法，即饲喂流质或半流质饲料，提高食盆位置，食后将犬前肢提高1～2分钟。并发肺炎时，全身应用抗生素。

(2) 选用食道贲门固定术，扩张食道切除术。

12. 食道狭窄

食道狭窄是因食道壁发生病理变化而引起食道腔变窄的疾病。

诊断要点

(1) 有食道异物、食道手术、食道壁肿瘤、食道虫病等病史。

(2) 病犬吞咽困难，饮食返流，进行性消瘦。

(3) X线钡剂造影可显示食道狭窄，食道狭窄段前方伴有食道扩张或食道憩室。

(4) 食道内窥镜检查，可直接观察到食道壁有瘢痕、管腔狭窄。

治疗方法

(1) 保守疗法，即少量多次给予流质或半流质饮食。

(2) 反复采用机械方法扩张狭窄部或手术切除狭窄部。

13. 急性胃炎

急性胃炎是胃黏膜的急性炎症。

诊断要点

(1) 病犬有采食难消化食物、变质腐败食物、过热过冷食物、有毒物质，或喂服阿司匹林、吲哚美辛、糖皮质激素等药物的病史，也可继发于某些传染病、内寄生虫病及尿毒症等全身性疾病。

(2) 病犬食欲不振，微弓腰，舌苔黄，口臭。开始吐食糜，然后吐出泡沫样黏液和胃液，严重时可吐出血液、胆汁、黏膜碎片。大量饮水时呕吐加剧。

(3) 胃镜检查，可见胃黏膜充血、水肿、糜烂，或有郁斑。

治疗方法

（1）改善饲养管理，如停食，控制饮水，24 小时后喂以牛奶、肉汤、稀粥等。

（2）镇吐，可用盐酸氯丙嗪（每日每千克体重 4 毫克，分 3～4 次口服）或胃复安（5～10 毫克/次，3 次/日，口服）。

（3）消炎健胃，可用硫酸庆大霉素（8 万/次）、复合维生素 B 液（10 毫升/次，2 次/日，口服）。

（4）及时补液。呕吐剧烈病犬，体液丧失严重时可静注糖盐水或林格液（每千克体重 40～60 毫升）。

14. 慢性胃炎

慢性胃炎是长期反复的胃黏膜炎症。

诊断要点

（1）胃内异物、急性胃炎等，可引起本病。

（2）食欲变化无规则，食后反复顽固呕吐、消瘦、异嗜、贫血。

（3）胃镜检查见胃黏膜皱襞粗糙、不规则、有瘢痕。

（4）胃黏膜活检及胃液分析可鉴别萎缩性胃炎或浅表性胃炎。

治疗方法

（1）改善饲养管理，饲喂易消化无刺激性的饮食，如稀粥、菜汁、牛奶等。

（2）药物治疗，可用碳酸氢钠 2 克、淀粉酶 1 克、龙胆末 0.3 克，分 3 份，1 份/次，3 次/日，食后口服；或氧化镁 1 克、合成硅酸铅 2 克、淀粉酶 2 克、干酵母 3 克、颠茄浸液 0.03 克，分 6 份，1 份/次，3 次/日，口服。

15. 胃扭转

胃扭转是胃幽门部从右边转向左边，被挤压于肝脏、食道的末端和胃底之间，并导致贲门不通的疾病。

诊断要点

（1）饱食后跳跃、打滚、急速旋转、摇摆等运动，可引起本病。

（2）突然腹痛，呆立或躺卧，行走拘谨，腹部迅速膨大（彩图65、66、67），间或哽噎、呕吐，呼吸困难，脉搏细速。

（3）叩诊腹部发出鼓音、金属音。胃管探诊时贲门部有阻力。

（4）X线钡剂造影，观察贲门部是否畅通及胃的位置。

治疗方法

尽早进行剖腹矫正，先穿刺放出胃内气体，然后再恢复胃、十二指肠、肝、脾的位置。

预防措施

禁止过食及食后剧烈活动。

16. 胃内异物

胃内异物是异物滞留于胃内引起的胃的疾病。

诊断要点

（1）异嗜或吞食异物（如石头、橡皮、木塞、果核、缝针、毛球、绳索），可引起本病。

（2）顽固呕吐，拒食，饮欲增强，胃部触诊疼痛，精神不振，呻吟。

（3）X线钡剂造影可见异物。

治疗方法

（1）催吐。钝圆形异物可吐出，常用阿扑吗啡（每千克体重4毫克）。

（2）手术治疗，即做胃切开术，取出异物。

17. 胃、十二指肠溃疡

胃、十二指肠溃疡是胃或十二指肠黏膜表层组织糜烂、损伤、坏死，形成溃疡的疾病。

诊断要点

（1）采食腐蚀性食物、胃肿瘤、尿毒症等，可引起本病。

（2）食欲时好时坏，甚至废食。有时呕吐，呕吐物呈咖啡色。轻度腹痛。大便黑色呈松馏油样。贫血，消瘦，虚弱。

（3）X 线钡剂造影，呈钡剂充盈溃疡的龛影。

（4）胃镜检查，即直接观察溃疡面，判断其发生部位及其所处时期（活动、愈合或疤痕期）。

（5）严重胃及十二指肠溃疡，白细胞总数轻度增加，核左移。

（6）并发症有急性穿孔、出血、幽门梗阻、癌变等。

治疗方法

（1）一般治疗，可饲喂流质、无刺激的饮食。

（2）药物治疗：减少胃酸分泌，可用氢氧化铝凝胶（10～20 毫升/次，1～2 次/日）、西咪替丁（5～10 毫克/次，2 次/日，口服）；降低胃蛋白酶活性，保护胃肠黏膜，可用硫糖铝（0.5～1 克/次，3～4 次/日，口服）、次碳酸铋（15～25 毫克/次，2 次/日，口服）；配合使用硫酸庆大霉素及复合维生素 B。

18. 急性肠炎

急性肠炎是肠黏膜的急性炎症，小肠黏膜的急性炎症称为小肠炎，结肠黏膜的急性炎症称为结肠炎。

诊断要点

（1）病毒、细菌、寄生虫等感染，或摄取异物、药物、化学物品、腐败变质饲料，可引起本病。

（2）起病急骤，主要症状为腹痛，腹泻，腹鸣，肠蠕动亢进，粪便稀而恶臭，有黏液或带血，有时里急后重。病犬迅速脱水，电解质丧失和酸中毒，甚至死亡。小肠炎和结肠炎的区别见表 11-1。

（3）肠道炎症常波及胃黏膜，导致胃肠炎。此时病犬除表现肠炎症状外，常伴发呕吐，诊断时应加以注意。

（4）粪便常规检查，可见有黏液及红细胞、白细胞。细菌培养可发现病原菌或电镜检查可发现病毒。镜检可证明有无寄生虫或原虫。

表 11-1　小肠炎与结肠炎的区别

项目		小肠炎	结肠炎
临床体征	每日排便次数	一般少于 3 次	一般多于 5 次
	排粪量	增加，水样	正常
	放屁	有	无
	腹痛	有	不明显
	腹部膨胀	常见	不常见
	体重减轻	常存在	可有可无
	里急后重	不常见	常见喷射性下痢
粪便肉眼变化	血液	暗黑色	鲜红色
	黏液	无	有
	脂肪	有	无
	直肠检查	无异常	黏液、鲜血、异物等

（5）血常规检查，可见红细胞数减少，红细胞压积增加，白细胞总数增加或减少。

治疗方法

（1）去除诱因，禁食 24 小时。

（2）对症治疗。腹痛选用硫酸阿托品（每千克体重 11 毫克，皮下注射）或度冷丁（每千克体重 10 毫克，8～12 小时重复 1 次）。脱水、电解质失衡时，可静注乳酸林格液或 5%葡萄糖生理盐水，同时应用适量碳酸氢钠。止泻可用蒙脱石次碳酸铋、鞣酸蛋白或硅酸铝。

（3）对因治疗。根据实验室检查结果及药敏试验，选择适当抗生素或驱虫药品。一般常用硫酸新霉素（每千克体重 20 毫克）、黄连素（0.1～0.2 克/次）、硫酸庆大霉素（每千克体重 10 毫克）、硫酸阿米卡星（每千克体重 5～10 毫克，2 次/日，肌注）、甲硝唑（每千克体重 25 毫克）。

（4）病毒性肠炎参见犬细小病毒病。

（5）结肠炎药物治疗，可用强的松龙（20 毫克加水 100 毫升保留灌肠，1 次/日）、复方甲噁唑（2 片/次，2 次/日，口服）或磺胺甲氧嗪（每千克体重 75 毫克，2 次/日，口服）。严重病犬疗效不佳，预后不良。

19. 慢性肠炎

慢性肠炎是小肠黏膜的慢性炎症。

诊断要点

（1）急性肠炎、寄生虫病、犬瘟热、慢性肾炎、尿毒症、肝硬化、长期服用抗生素，可引起本病。

（2）食欲不定或废绝，消瘦，烦渴，持续性或间隙性腹泻。粪便稀软或水样，有时混有黏液或血液。

（3）粪便镜检可见红细胞、白细胞或寄生虫，粪便培养可见病原菌。

（4）消化吸收试验（葡萄糖负荷试验、D-木糖负荷试验），表明吸收能力降低。

治疗方法

（1）对因治疗。根据实验室检查结果选择抗生素，但疗程较长。寄生虫性、病毒性肠炎要积极治疗原发病。

（2）加强护理，饲喂易消化食物，配合使用复合维生素 B 及维生素 C。

20. 肠梗阻

肠梗阻是肠腔阻塞性疾病。

诊断要点

(1) 病犬有吞食异物的病史（彩图 68、69），或继发于寄生虫病、肠粘连、肠套叠、肠绞窄、肠道肿瘤等肠道疾病。

(2) 突出症状是顽固性呕吐，食欲不振，饮欲亢进，脱水，精神沉郁。病犬迅速消瘦，口臭，粪便黑色稀薄。

(3) 肠音废绝，梗阻前方肠管鼓气或充满液体。

(4) X 线检查，能发现肠内异物及堵塞部位。

治疗方法

(1) 禁食。

(2) 查明原因，尽早进行手术，解除梗阻。术后禁食，应用广谱抗生素 3～7 天可恢复至正常饮食。

21. 肠套叠

肠套叠是一段肠管伴同肠系膜套入相连续的另一段肠管内，形成双层肠壁重叠的疾病。

诊断要点

(1) 过度活跃、剧烈呕吐、腹泻、急性肠炎、犬细小病毒病、犬瘟热、犬冠状病毒病等，可引起本病（彩图 70、71）。

(2) 病初反复呕吐，食欲减退，粪便黑色呈松馏油样。2 天后病犬表现腹痛，里急后重，排粪停止，脱水，体重下降。

(3) 腹部触诊，可在腹腔中摸到香肠样可移动肠段。

(4) X 线检查，见套叠肠段阴影密度增加。

治疗方法

(1) 保守疗法：套叠初期可试行温水灌肠，或以腹部按摩整复。

(2) 尽早手术，整复肠管或进行肠管切除术和肠管端端吻合术。

22. 肠嵌闭、肠绞窄

肠嵌闭是一段肠管坠入与腹腔相通的天然孔或破裂孔内，致使肠管闭塞的疾病；肠绞窄是指一段肠管沿肠系膜与其他肠管缠绕，发生扭转，又称肠扭转。

诊断要点

（1）打滚、旋转、体位迅速改变、跳跃、奔跑等，可引起本病（彩图72、73）。

（2）突发性剧烈腹痛、烦躁、呕吐或哽噎、便秘、呻吟，迅速出现昏迷、虚弱、体温升高或降低等全身症状，而且逐步加剧。

（3）腹腔穿刺液淡红，混浊，易凝固。

（4）X线检查，可见绞窄或嵌闭处阴影致密，肠腔内有气体，阴影较浅。

治疗方法

（1）对症治疗，静注5%葡萄糖盐水，配合使用碳酸氢钠，加以纠正脱水、酸中毒，增强心功能。

（2）尽快施行剖腹术，整复肠管。

预防措施

（1）避免让犬反复翻滚、跳跃。

（2）及时修补天然疝孔或破裂孔。

23. 便秘

便秘是以排粪困难为主要表现的疾病。

诊断要点

（1）长期饲喂干食物及过量骨粉、禽骨、针状物，饲料单一，运动不足，或患会阴疝、直肠憩室、结肠肿瘤、前列腺囊肿等疾病，均会引起本病。

（2）里急后重，排粪困难，排粪时疼痛呻吟，粪便干燥且表面有少量黏液或血丝。

(3) 直肠指检，表现敏感，粪便干燥秘结。

(4) X线检查，可见清晰增大而扩张的大肠，其中含有致密的粪块或骨刺阴影。

治疗方法

(1) 保守疗法。用温水或2%碳酸氢钠溶液或液状石蜡灌肠，氧化镁乳1汤匙口服。

(2) 必要时，实施手术取出粪便。

(3) 积极治疗原发病。

24. 直肠脱

直肠脱是后部直肠脱出于肛门外的疾病。

诊断要点

(1) 长期消瘦、分娩、肠炎、寄生虫病、腹泻、便秘等，可引起本病。

(2) 一柱状物从肛门突出，其表层黏膜红润或出血坏死、破溃，末端凹入（彩图74）。

治疗方法

(1) 手术法整复。脱出不久、黏膜表层损伤不重时，可用温生理盐水清洗并在黏膜上涂5%明矾，待其软小后将其送入肛门。

(2) 手术治疗。如脱出物损伤、坏死严重，可以手术切除，做直肠肛门吻合术或结肠固定术。

(3) 去除病因，给予易消化流质饲料。

25. 肛门囊阻塞

肛门囊阻塞是肛门囊内容物硬结、嵌塞而不能排出的疾病。

诊断要点

(1) 常见于小型品种犬（如贵妇犬）及某些大型犬（如德国牧

羊犬、爱尔兰塞特猎犬、拉布拉多犬)。

(2)病犬摩擦，舔咬肛门，努责咬尾，坐时疼痛。

(3)直肠指检时，插入直肠的手指与皮肤外的大拇指可感觉到肛门囊充盈，触压疼痛，内容物不易挤出(彩图75)。

治疗方法

(1)挤出阻塞内容物。依肛门囊直肠指检手法挤出囊内容物或内容物浓缩后，用生理盐水冲洗，2次/日，持续1～2周。

(2)手术摘除肛门囊可根治本病。

26. 肛门腺癌

肛门腺癌是肛门囊顶泌腺发生癌变的疾病。

诊断要点

(1)多发生于中老年公犬，特别是没有交配过的公犬。

(2)肛门周围或尾根部常脱毛，出现单个或复合的隆起、结节样肿块，可能出现溃疡(彩图76、77)。

(3)直肠检查可确定是否发生转移或有无前列腺异常。

治疗方法

(1)手术切除。

(2)采用化疗，可用5-氟尿嘧啶(每千克体重5毫克，静注，连用5～7天)、长春新碱(每千克体重0.025～0.050毫克，7～10天/次，静注)、放线菌素D(每千克体重0.015毫克，每天1次，静注，连用3～5天后停药3周，待副作用消失后再重复使用)。皮肤肿瘤部可涂布氟尿嘧啶的乳剂。

27. 急性胰腺炎

急性胰腺炎是胰腺组织的急性炎症。

诊断要点

(1)肥胖、高脂血症、胆管疾患及采食高脂饮食或腐败食物，可引起本病。

(2) 临床上出现呕吐、腹痛、弓背、厌食、沉郁、脱水、腹泻，甚至休克、呼吸衰竭、惊厥。

(3) 实验室检查，可见白细胞增高，血清淀粉酶浓度升高（常大于800单位），血清脂肪酶浓度增高（常大于1单位/100毫升）。如血钙小于7毫克/分升，表示胰腺病变广泛、预后严重。

(4) X线检查，可见右上腹部密度增加。

(5) 并发症有胰腺脓肿、一过性糖尿。

治疗方法

(1) 禁食1～3天。

(2) 解痉镇痛，可用硫酸阿托品（每千克体重0.01毫克，3次/日，肌注）、度冷丁（每千克体重2～5毫克，2次/日，肌注）。

(3) 抗菌消炎，可用青霉素（80万单位，2次/日，肌注）、硫酸链霉素（50万单位，2次/日，肌注）、硫酸庆大霉素（每千克体重2～4毫克，3次/日，肌注）、硫酸卡那霉素（每千克体重2万～4万单位，2次/日，肌注）、硫酸阿米卡星（每千克体重5～10毫克，2次/日，肌注）。

(4) 纠正水、电解质失衡，维持肾功能。

(5) 休克病犬应进行抗休克治疗，临床上可使用氢化可的松(200～300毫克/日，静滴)。低钙者补钙。呼吸衰竭者给氧。

28. 肝炎

肝炎是肝细胞变性、坏死的一种急性病。

诊断要点

(1) 长期饲喂霉败饲料，采食了有毒物品，患钩端螺旋体病、肝吸虫病、胃肠炎、犬传染性肝炎等，可引起本病。

(2) 临床表现为精神沉郁，食欲减退，全身无力，黏膜黄染，消化功能紊乱。粪便干稀不定，色淡，味恶臭。肝区触诊有时有疼痛反应，肝脏肿大明显时叩诊，肝浊音区增大。尿色暗。

（3）实验室检查，尿中可检出胆红素，蛋白质、总胆红素浓度可能升高，谷丙转氨酶浓度升高，碱性磷酸酶浓度稍升高，可能出现血尿。

治疗方法

（1）保肝利胆，选用葡醛内脂（0.266克/次，2次/日）、维丙胺（80毫克/次，1次/日，肌注）或25%葡萄糖液（25～100毫升，2次/日，静注）、维生素C（2克/次，2次/日，静注）、谷氨酸（0.5～2克/次，3次/日）。

（2）加强护理，喂以少含脂肪，富含碳水化合物、维生素的易消化食物。

（3）对症治疗，根据病情选用健胃剂、助消化剂。有出血倾向时，选用凝血酶原增强剂，如维生素K等。

29. 腹膜炎

腹膜炎是腹膜受到细菌感染或化学物质刺激引起的炎症。

诊断要点

（1）腹部手术、腹壁穿孔、腹腔内脏器官及邻近部位的炎症，可引起本病。

（2）腹痛，腹壁紧张，腹水，体温升高，精神沉郁，黏膜发绀，脉细弱而快速。

（3）实验室检查，可见白细胞总数升高，核左移。腹水为混浊的渗出液或血液、肠内容物。

（4）X线检查，如有游离气体透亮区，则提示有空腔脏器穿孔。

（5）为找出病因可剖腹探查、测定血清淀粉酶等。

治疗方法

（1）保守疗法。非穿孔性、腹腔实质脏器破裂性腹膜炎，可首先纠正水电解质失衡，抗休克，根据腹水细菌分离或药敏试验使用大量抗生素。

（2）对穿孔性、脏器破裂性腹膜炎应尽早手术，切除病灶或修补穿孔，吸尽腹腔渗出液，腹膜灌洗。手术前应禁食，补液防休克，使用抗生素控制感染；手术后应继续禁食，补液中使用抗生素，直至恢复。

（二）呼吸系统疾病

1. 鼻炎

鼻炎是由多种致病因子引起的犬鼻腔黏膜的炎症。

诊断要点

（1）鼻黏膜受寒冷、化学、机械因素刺激，或曾患犬瘟热、犬传染性肝炎、犬传染性气管支气管炎、巴氏杆菌病及咽喉炎、副鼻窦炎、齿槽骨膜炎、鼻螨等，可引起本病。

（2）鼻腔黏膜充血、肿胀、流鼻液、打喷嚏。急性鼻炎：病犬初期表现摇头、蹭鼻子，鼻液由透明浆液性逐渐变为黏液脓性；还可出现呼气性鼻呼吸杂音；病程为6～10天。慢性鼻炎：长期流黏液脓性鼻汁，有时带血，有腐败臭味；鼻黏膜溃疡或糜烂；张口呼吸，呼气性呼吸困难；病程数月到数年。

治疗方法

（1）去除病因，改善饲料管理。

（2）药物治疗：鼻液黏稠时可用温生理盐水或1%碳酸氢钠冲洗鼻腔，鼻液稀薄时用1%明矾溶液或2%～3%硼酸溶液冲洗鼻腔（2次/日）；鼻腔内注入20万～40万单位青霉素溶液或0.1%蛋白银溶液；鼻黏膜充血严重时用滴鼻净滴鼻（2次/日）。

预防措施

（1）加强耐寒训练。

（2）做好犬舍通风卫生工作。

2. 喉炎

喉炎是喉黏膜下层组织的炎症。

诊断要点

（1）受寒冷、机械、化学因素刺激，喉邻近器官炎症，犬瘟热，传染性喉气管炎等，可引起本病。

（2）咳嗽，喉部敏感。吞咽时常诱发出咳嗽及呕吐，喉黏膜红肿。轻度喉炎无全身症状。重度喉炎体温升高，精神沉郁。

治疗方法

（1）去除诱发因素，治疗原发病。

（2）药物治疗，可用氯化铵（每千克体重 100 毫克，2 次/日，口服）、可待因（5 毫克/次，2 次/日，口服）、磺胺二甲嘧啶（每千克体重 50 毫克，2 次/日，口服）、川贝止咳糖浆（8～10 毫升/次，3 次/日）。若喉部阻塞严重，可施行气管切开术。

3. 支气管肺炎

支气管肺炎是支气管和肺的急性慢性炎症，又称小叶性肺炎。

诊断要点

（1）受寒感冒，过度劳累，管理失调，饲料单一，寄生虫侵袭，化脓性疾病，犬瘟热等传染病等，可引起本病。

（2）常发于晚秋、冬季及早春季节。

（3）咳嗽，流鼻汁，体温升高到 40℃左右，弛张热型。精神沉郁，食欲减退或废绝，唇型呼吸，呼吸困难。

（4）肺前下部肺泡呼吸音增强，有湿啰音及捻发音或呼吸音减弱消失，叩诊有浊音区。

(5) X线检查，可见肺纹理加重，有小片状灶性阴影。

(6) 血液学检查，可见白细胞总数增加，中性粒细胞增加，核左移。有时嗜酸性粒细胞增加。

(7) 渗出液、黏液培养，细胞学检查，可确定病原。

(8) 应注意区别细菌性肺炎、病毒性肺炎、霉菌性肺炎、寄生虫性肺炎、嗜酸性粒细胞浸润性肺炎等（表11-2）。

表11-2 细菌性肺炎等肺炎疾病的特征

项目	细菌性肺炎	病毒性肺炎	霉菌性肺炎	寄生虫性肺炎	嗜酸性粒细胞浸润性肺炎
抗生素治疗效果	好	差	差或无效	差	差或无效
白细胞总数	增加	减少	增加	增加	增加
嗜酸性粒细胞	正常	正常	正常	稍增加	极度升高
其他	起病急，病程短	起病急，临床表现明显	慢性经过，有长期服用抗生素病史	粪便中有大量寄生虫卵	

治疗方法

(1) 抗生素治疗，以青霉素（每千克体重4万单位，2次/日，肌注）和硫酸链霉素（每千克体重40毫克，2次/日，肌注）为主。也可选用庆大霉素、卡那霉素、磺胺类药等。

(2) 对症治疗，呼吸困难时吸入氧气，肌注氨茶碱（每千克体重5毫克）。心力衰竭时可用安钠咖、强尔心等强心剂。

4. 感冒

感冒是机体突然受寒冷袭击而引起，以上呼吸道黏膜炎症为主要症状的急性发热性疾病。

诊断要点

(1) 在寒冷气候下露宿，大运动量后被雨淋风吹，气候骤变，受寒风袭击等，可引起本病。

(2) 幼犬多发，常见于早春、秋末。

(3) 突然发病，体温升高，精神沉郁，结膜充血，咳嗽，流水样鼻汁，肺泡呼吸音增强，心音亢进，食欲减退或废绝。

治疗方法

(1) 解热镇痛，可用复方氨基比林（2.0毫升/次，1次/日，肌注），或30%安乃近（2.0毫升/次，1次/日，肌注）。

(2) 预防继发感染，可选用抗生素，如青霉素、硫酸链霉素、先锋霉素等。也可试用速效伤风胶囊（1粒/次，2次/日，口服）。

预防措施

(1) 改善饲养条件，设置防寒措施，防止犬突然受凉。

(2) 加强耐寒训练，增强体质。

5. 霉菌性肺炎

霉菌性肺炎是由致病性霉菌造成的一种肺的慢性炎症。

诊断要点

(1) 环境卫生不良、饲喂霉变饲料、长期应用广谱抗生素或肾上腺皮质激素等，可引起本病。

(2) 病犬短声湿咳，黏液性鼻漏，呼吸困难，腹式呼吸，消瘦，呼吸音粗厉，体温周期性升高。抗生素治疗无效。

(3) 白细胞周期性增高。

(4) X线检查，表现多样，有弥漫性结节灶、粟粒样播散、点状或片状浸润、空洞及慢性肺硬化等表现。

(5) 诊断念珠菌病、曲霉菌病、隐球菌病等所做的凝集反应、沉淀反应、皮内反应，可作为辅助诊断。诊断组织胞浆菌病、芽生菌病时所做的皮内反应、补体结合反应，对确诊有意义。

治疗方法

（1）去除诱因，改善饲养条件。

（2）使用两性霉素B（每千克体重0.25～0.5毫克，3次/周，静注）、5-氟胞嘧啶（0.5～2克，4次/日，口服）等抗菌药物。

（3）祛痰止咳，加用广谱抗生素防继发感染。

（三）血液循环系统疾病

1. 心肌炎

心肌炎是伴有心肌兴奋性增强和心肌收缩功能减弱为特征的心肌炎症。

诊断要点

（1）犬瘟热、犬细小病毒病、细菌性肺炎、肠炎等病病原菌感染，风湿病、寄生虫病，化学品、药物中毒，都可引起本病。

（2）轻症可无明显症状，重症可有心力衰竭、心源性休克及猝死。

（3）病犬明显虚弱，呼吸困难，长期发热。心动过速，心律不齐，活动后心跳次数和力量维持一段时间才能降低。重症病犬，心力衰竭，可出现呼吸高度困难，黏膜发绀，四肢末端水肿。

（4）X线检查，有时可见心阴影扩大。

（5）心电图检查，可见S－T段压低或抬高，T波平坦或倒置，异位心律，传导阻滞，QT间期延长。

（6）注意与心内膜炎及心肌营养不良的区别诊断。

治疗方法

（1）治疗原发病。

（2）限制运动，饲喂富含维生素及蛋白质的饲料，使用促进心肌代谢药物，如维生素C、辅酶A、ATP、肌苷等。黏膜发绀时吸氧，水肿明显时使用利尿剂。

（3）对过敏性风湿性心肌炎可给予肾上腺皮质激素。

（4）对症治疗，控制心力衰竭，禁用强心剂洋地黄等。

2. 犬肥大性心肌病

犬肥大性心肌病是左心室向心性肥大，心室肌肉增生，但没有循环系统或心脏的明显病因的疾病。

诊断要点

（1）本病临床上较少见，轻者无症状，重者充血性心衰。有时可以发生昏厥。

（2）临床检查，可见心缩期杂音或奔马律。

（3）心电图检查，可见心传导阻滞，常见于左前束支。

（4）B超检查，可见左心室侧壁和室中隔增生肥厚。

治疗方法

（1）如有胸水，应抽胸水。

（2）X线检查，显示有肺水肿，可以利尿。

（3）患犬出现临床症状，如心动过速，可以使用β受体阻断剂和钙离子通道阻断剂。

（4）对持续性心衰的病犬，可考虑用依那普利（每日每千克体重0.25～0.5毫克）。

3. 缺铁性贫血

缺铁性贫血是犬体内贮存铁不足引起的贫血。

诊断要点

（1）采食低铁饲料、胃肠炎、肠寄生虫感染、慢性失血，都可引起本病。生长犬、妊娠犬、哺乳犬发病率高。

（2）病犬黏膜苍白，虚弱，食欲不振，异嗜，消瘦。

（3）血液检查，可见血红蛋白降低，血清铁常低于94微克/分升，血象表现为小红细胞性变化，血涂片时可见大量中心淡染的小红细胞。

（4）骨髓检查，骨髓象显示幼红细胞系统增生；骨髓铁染色检查，显示细胞外铁消失，铁粒幼红细胞减少。

治疗方法

（1）找出病因，积极治疗原发病。

（2）补充铁剂，饲喂含铁较高的饲料（如动物心、肝、肾、鸡蛋等）、硫酸亚铁（0.3～0.6 克，3 次/日，口服），同时配合使用维生素 C 及胃蛋白酶、右旋糖苷铁（50 毫克/次，2 次/日，肌注），肌注铁铜合剂等。

（3）输血或输红细胞。

4. 法乐四联症

法乐四联症是室间隔缺损、肺动脉狭窄、主动脉右位、右心室肥大等 4 种先天性心脏缺损合并发生的一种综合征。

诊断要点

（1）病犬生后常出现紫绀，轻度运动后呼吸困难、虚脱、发育不良、生长缓慢，极易疲劳。

（2）心脏听诊可见缩期杂音粗厉。

（3）X 线检查，可见心室肥大，肺部清晰，肺血管缩小。

（4）心电图检查，可见电轴右偏，左侧心前导联时 S 波加深。

（5）心血管造影，可见右心血液向左心分流，可显示室间隔缺损的部位及大小、肺动脉及主动脉大小。

（6）血红蛋白及红细胞明显增高，血小板可能减少，二氧化碳结合力降低。

治疗方法

手术治疗难度较大，预后不良。

5. 周期性骨髓发育不良

本病是一种遗传病，又称灰色柯里牧羊犬周期性中性粒细胞减少症，或灰色柯里牧羊犬综合征。

诊断要点

（1）病犬发病年龄为6周龄至6月龄。

（2）周期性发病，反复感染，产生结膜炎、角膜炎、肺炎、胸膜炎，出现呕吐、腹泻等症状。发作周期10天左右。

（3）发作期血液学检查，白细胞5000～7000个/毫米^3，中性粒细胞38～500个/毫米^3，无杆状核中性粒细胞。

（4）骨髓活组织检查，可见中性粒细胞系在初期有成熟缺陷。

治疗方法

无特殊治疗方法，以支持为主，延长寿命。

（四）泌尿系统疾病

1. 急性肾炎

急性肾炎是犬肾小球、肾小管或肾间质组织发生的急性炎症性疾病。

诊断要点

（1）感染（细菌、病毒、寄生虫）、中毒（外界毒物、内源性毒素）、变态反应（传染病病愈之后）、腰部外伤，可引起本病。

（2）病犬精神不振，食欲减退，弓腰，肾区敏感，触痛，尿频，少尿或无尿，尿色暗浊。病初体温稍升高。病末期有时出现水肿，严重时表现尿毒症状（昏迷、痉挛、呼吸困难）。

（3）尿液检查，可见比重增加，含大量蛋白质（1%～2%），有透明颗粒红细胞管型及少量上皮细胞或病原菌。

(4) 随着尿量的减少，血液尿素氮和肌酐增高。

(5) 血沉加快，白细胞总数增加。

(6) 病理变化：肾肿大、柔软、包膜易剥离，皮质部灰红色、有灰黄色斑纹交错，髓质部深红色。肾小球、肾小管上皮细胞混浊肿胀、坏死。

治疗方法

(1) 消除病因，加强护理，限制食盐摄入，给予富含维生素A和蛋白质的饲料及充足饮水。

(2) 消炎利尿，可用青霉素（每千克体重2万单位，2次/日，肌注）、硫酸链霉素（1万单位/千克，2次/日，肌注）、头孢羟氨苄（每千克体重10～20毫克，1～2次/日，3～5日，口服）。此外，也常用双氢克脲噻等利尿消炎，还可用乌洛托品进行尿路消毒。

(3) 使用免疫抑制剂，可用醋酸可的松（0.05～0.1克/次，2次/日，口服）、强的松龙（0.02克/次，2次/日，口服）、环磷酰胺（每千克体重6.6毫克，1次/日，口服）。

(4) 对症治疗，纠正尿毒症及心脏衰弱。

预防措施

(1) 保证饲料质量，禁喂霉败饲料。

(2) 使用强烈刺激性和剧毒药物时，应严格控制剂量，并规范使用。

2. 慢性肾炎

慢性肾炎是肾小球、肾小管或肾间质组织发生的慢性炎症性疾病。

诊断要点

(1) 本病常由急性肾炎转化而来，病史同急性肾炎。

(2) 病犬病情发展缓慢，全身衰弱，食欲不定，消化不良，消瘦，后期腹水、水肿。

（3）尿液检查，可见大量蛋白质、肾上皮细胞、管型，比重增高，红细胞、白细胞减少。

（4）血液学检查，可见血液尿素氮、肌酐增高，血沉加快，白蛋白降低，球蛋白增高。

（5）病理学检查，可见肾轻度肿大，包膜下有少许红斑，切面有黄色、红色及灰色斑纹，散在出血灶，实质浸润。病程长者，肾体积缩小、变硬、表面不平或颗粒状，包膜不易剥离，肾髓质呈暗红色。

治疗方法

（1）饲喂无盐、低蛋白质饲料，预防和控制并发症。

（2）药物治疗，可用强的松龙（每千克体重0.5毫升，2次/日，口服）、环磷酰胺（每千克体重6.6毫克，1次/日，口服）或苯丁酸氮芥（每千克体重0.2毫克，1次/日，口服）。

（3）水肿明显者加利尿剂。

3. 肾盂肾炎

肾盂肾炎是肾盂组织的炎症性疾病。

诊断要点

（1）尿路不畅，尿路畸形，膀胱炎，尿道炎，传染病或局部化脓性感染，与肾脏相邻器官的炎症，可引起本病。此病多发生于犬抵抗力降低时。

（2）病犬弓腰，尿频，尿色暗，尿混浊。一般无全身症状，病情严重时精神沉郁，体温升高（波动于39.5～40℃），呕吐，厌食，烦渴，多尿。慢性病例可见有贫血、尿毒症。

（3）尿液检查，可见尿中红细胞、白细胞增多，有白细胞管型。新鲜尿液涂片革兰染色镜检，每个视野20个以上细菌。尿液细菌培养药敏试验可指导诊断。

（4）肾功能检查，急性期无改变，慢性期可见酚红排泄率下降，非蛋白氮增高。

(5) 血液检查，发作期可见白细胞总数及中性粒细胞增高，慢性期随肾功能受损出现不同程度的贫血。

治疗方法

(1) 控制感染，可用硫酸庆大霉素（每千克体重 4 毫克，2 次/日，肌注）、硫酸阿米卡星（每千克体重 5～10 毫克，2 次/日，肌注），硫酸卡那霉素、硫酸链霉素也可选用。最好能根据药敏试验选择用药。

(2) 酸化尿液，可用氯化铵（0.3～1.2 克/次，伴水口服，2 次/日）。

(3) 保证充足饮水及高蛋白质饲料。

(4) 尿液反复培养均为阴性时，方可认为痊愈。

4. 肾石症

肾石症是肾脏中存在结石的病症。

诊断要点

(1) 日粮、品种及并发症（如感染），都可导致机体产生肾结石。长期饲喂高蛋白质饲料，易发生嘌呤结石（彩图 78）；肾盂肾炎时，易发生鸟粪石结石；达尔马提亚犬和患有门静脉分流的犬易发生尿酸盐性肾结石；对胱氨酸重吸收缺陷的犬，易患胱氨酸型肾结石。肾结石所在的部位可能成为细菌感染的场所。

(2) 患犬早期没有明显症状，但随着病情的发展，可能会出现血尿、侧腹痛、尿频和尿淋漓；当因尿液排泄困难，出现高氮血症时，患犬体温下降，食欲废绝，呕吐，口腔溃疡，贫血等。

(3) 血液生化检查中血清尿素氮和肌酐水平间断性升高，有利于对本病的诊断。

(4) X 线和 B 超检查，可见结石存在的位置和大小（彩图 79），但一些有机结石 X 线可能检查不到。而 B 超检查除了可见结石外，还可确定肾脏的发病情况。

治疗方法

（1）消除病因。根据结石发生的种类，调整日粮的结构，如降低饲料中蛋白质和无机盐含量，消除肾脏炎症，使用处方粮等。

（2）利尿排石。无机结石酸化尿液，有机结石碱化尿液；使用排石冲剂或车前草利尿排石。

（3）手术治疗。进行肾切开术，以除去肾结石。由于外科手术严重影响肾脏的功能，故双侧肾结石，可相隔2～4周分别手术移除结石。

（4）超声碎石。借助人医的经验，用超声波碎石，再利尿排石。

（5）定期复查。每2～3个月做X线和B超检查，以确定肾石的大小和并发症的情况。经常测定血清尿素氮和肌酐水平，直到肾石消失。

5. 膀胱炎

膀胱炎是膀胱黏膜或黏膜下层的炎症。

诊断要点

（1）肾炎、输尿管炎、阴道炎、子宫内膜炎、前列腺炎、膀胱结石、膀胱肿瘤或曾做过膀胱插管，可引起本病。也常并发于犬瘟热等传染病。

（2）血尿，排尿困难，努责，尿频且尿呈点滴状流出，或无尿排出。

（3）尿液混浊，有大量白细胞、脓细胞、少量红细胞、膀胱上皮及细菌（彩图80）。尿呈碱性。

（4）膀胱充气造影可排除膀胱结石。

（5）常继发膀胱麻痹及肾盂肾炎。

治疗方法

（1）酸化尿液，可饲喂高蛋白质肉类食物、氯化铵（0.3～1.2

克/次，3～4次/日，口服)，保证充足饮水。

(2) 制止炎症，可用呋喃妥因（每千克体重5～7毫克，3次/日，口服)、磺胺嘧啶（0.1～2克/次，2～3次/日，口服)。

(3) 膀胱冲洗，可用0.1%高锰酸钾溶液、0.1%升汞水、0.5%硝酸银溶液、1%～3%硼酸溶液冲洗。

6. 膀胱麻痹

膀胱麻痹是膀胱感觉和运动神经麻痹，膀胱肌肉丧失收缩能力，致使尿液滞留，不能随意排尿的疾病。

诊断要点

(1) 脑部疾病、犬瘟热、脊柱疾病、膀胱炎、尿道结石、膀胱相邻器官的炎症，可引起本病。

(2) 排尿间隔时间延长，只排出少量尿液，膀胱胀满，手按膀胱可排出大量尿液。病犬无疼痛表现。

(3) 导尿管探查时，导尿管极易插入，无疼痛表现。

(4) 并发症，如膀胱破裂。

治疗方法

(1) 找出病因，对因治疗。

(2) 排除膀胱积尿。导尿或隔腹壁轻轻按摩膀胱（4次/日，10分钟/次)。

7. 尿道炎

尿道炎是尿道黏膜的炎症性疾病。

诊断要点

(1) 尿道附近组织的炎症、导尿、尿结石、肾炎、交配，可引起本病。

(2) 痛性尿淋漓，尿液混浊，严重时尿道口红肿且流出黏性或脓性分泌物。公犬阴茎勃起，母犬阴唇开张。

（3）尿液检查，可见黏液、血液、脓液，或尿道黏膜。尿液细菌培养及药敏试验可指导治疗。

治疗方法

（1）尿道冲洗，可用 0.05%高锰酸钾溶液、1%～3%硼酸溶液或 1%～2%明矾溶液冲洗尿道。

（2）抑菌消炎，可用乌洛托品（0.2～0.5 克/次，2～3 次/日，口服）、青霉素（每千克体重 2 万～4 万单位，2 次/日，肌注）、硫酸链霉素（每千克体重 1 万～2 万单位，2 次/日，肌注）、先锋霉素 V（20～40 毫克/日，分 3～4 次肌注）。

（3）给予充足饮水。

8. 尿毒症

尿毒症是由于肾功能不全，应随尿排出的物质蓄积在血液及组织内而引起机体中毒的一种综合征。

诊断要点

（1）肾炎、肾功能衰竭、泌尿道梗塞，可引起本病。

（2）病犬食欲废绝，精神沉郁，呕吐，贫血，潮式呼吸，呼出气含氨味，心律不齐，腹膜充血，脱水。

（3）尿液检查，可见比重降低，有蛋白质及粗而短均质的蜡样管型，也可见红细胞、白细胞、上皮细胞及颗粒管型。

（4）肾功能检查，可见肾肌酐清除率、酚红排泄率下降。

（5）血液学检查，可见红细胞减少，血小板减少，血沉加快，血浆蛋白降低（尤以白蛋白明显），血钙降低，血磷增高，血液尿素氮及肌酐增高。

（6）X 线检查有助于确定是否因尿路结石、肿瘤、前列腺增生等疾病引起。

治疗方法

（1）查明原因，积极治疗原发病。

（2）纠正脱水及酸中毒、电解质失衡。

（3）明显水肿和少尿患者可给予利尿剂利尿。

（4）使用蛋白合成激素，如丙酸睾丸素（25～50 毫克/次，1 次/3 日）。

（5）对症治疗：镇吐，输血，补钙等。

9. 急性肾功能衰竭

由于各种致病因素引起的肾实质急性损害。本病是一种危重的急性综合征，临床上以少尿、无尿、氮质血症、水和电解质代谢失调、血钾含量升高为特征。

诊断要点

（1）严重脱水、休克、急性失血、循环衰竭、急性肾小球肾炎、急性间质性肾炎、急性肾小管坏死、肾后梗阻，可引起本病。

（2）早期体征随原发病因而异，后期表现水肿、贫血、出血倾向及中枢神经系统和周围神经病变（彩图 81）。

（3）血液学检查，可见红细胞、血红蛋白均下降，白细胞增多，核左移，血小板显著减少，血沉加快，二氧化碳结合力降低。少尿期：血中钾、镁、磷含量升高，钙及氧化钙含量降低，尿素氮、肌酐含量升高。多尿期：钾、钠含量降低，氯化物及钙升高，尿素氯、肌酐含量降低。

（4）尿液检查，可见尿色深，比重低，有蛋白、红白细胞、颗粒管型，尿素含量降低。

（5）肾组织活检，可确诊病因。

治疗方法

（1）积极治疗原发病。

（2）少尿期治疗：严格控制液体出入量，保持基本平衡，给予低蛋白质、高热量、高维生素饮食，纠正电解质失衡，控制感染，纠正贫血及心力衰竭、出血性素质。及时补液和输血、防止休克，利尿，扩张血管。使用高血钾（胰岛素10单位加25%葡萄糖100毫升，静注），或静注5%碳酸氢钠适量，以纠正电解质失衡。

（3）多尿期治疗：防止脱水及电解质失衡，饲喂高热量、高维生素饲料，加强预防，积极控制并发感染。

（4）恢复期治疗：补充营养，给予高蛋白质、高碳水化合物及维生素丰富的饮食。

（五）神经系统疾病

1. 脑膜炎

脑膜炎是由细菌、病毒、毒素等多种因素引起的脑膜炎症。

诊断要点

（1）起病前数日有脑邻近组织或身体其他部位化脓感染史，患犬瘟热、弓形虫病等传染病，体温过高，经过长途运输，注射疫苗后，可引起本病。

（2）病犬精神委顿，目光无神，共济失调，体态反常，兴奋或癫狂，昏迷，强制运动，食欲不振。

（3）脑脊液检查，可见其混浊，含大量蛋白质和白细胞。犬瘟热病犬的脑脊液清亮而混浊，球蛋白增高，总蛋白含量增多到50毫克/100毫升，细胞主要为小淋巴细胞和大淋巴细胞，一般不超过25个。细菌性和霉菌性脑炎，多形核白细胞增多。隐球菌性脑炎，嗜酸性粒细胞增多。

（4）脑膜增厚、粘连，血管周围白细胞聚集，呈袖套现象。

治疗方法

（1）找出病因，对因治疗。

（2）大量使用抗生素，可用磺胺嘧啶（每千克体重100～200毫克，静注）。

（3）惊厥兴奋时，考虑使用镇静药物，如盐酸氯丙嗪（每千克体重1.1～2.2毫克，2次/日，肌注）。

（4）保持安静，保证营养。

2. 癫痫

癫痫是大脑皮层功能障碍引起的突然发生、反复发作的脑功能短暂异常性疾病。

诊断要点

（1）原发性癫痫：一种先天性脑功能失常，病犬无特殊病史。常见于德国牧羊犬、长卷毛犬、爱尔兰塞特猎犬、拉布拉多猎犬等。

（2）继发性癫痫：癫痫继发于其他疾病。病犬有脑炎、脑膜炎、脑寄生虫、代谢病、内分泌功能紊乱、化学物质中毒、犬瘟热等传染病病史。

（3）病犬不安，突然倒卧，四肢抽搐（彩图82），大小便失禁，意识丧失，多涎，瞳孔散大，片刻后病犬恢复常态或共济失调。经一段时间后再次发作。

（4）脑电图检查，发作期有痫样放电。

治疗方法

（1）加强护理，保持安静，避免刺激。

（2）给予易消化、低盐低蛋白质饮食。治疗原发病。

（3）药物治疗，可用苯妥英钠（每千克体重2～6毫克，2次/日，口服）、苯巴比妥（每千克体重2～6毫克，2次/日，口服），或扑痫酮（每千克体重55毫克，1次/日，皮下注射）。

3. 肝性脑病

肝性脑病是因严重的肝脏疾病引起的大脑和脑干功能紊乱的疾病。

诊断要点

（1）饲喂高蛋白质饲料，门静脉异常，肝硬化、肝癌等进行性肝衰竭，可引起本病。

（2）神经系统症状：病犬精神沉郁，共济失调，癫痫发作或昏迷、震颤。脑室脑膜炎：昏迷，共济失调，体态反常，慢性病例表现呆笨、脑积水。脑底脑膜炎：眼肌痉挛，瞳孔大小不等，嚼肌痉挛，间或舌麻痹、喉麻痹。

（3）肝衰竭症状：厌食，腹泻，消瘦，呕吐，黄疸，腹水等。

（4）血液学检查，可见谷丙转氨酶浓度稍升高，碱性磷酸酶浓度升高，磺溴酸钠廓清率滞留，白蛋白含量减少，血液尿素氮浓度升高，血氨含量增高，尿素循环酶可能缺乏。

（5）肝组织穿刺检查，可确诊肝硬化或肝癌。

（6）脑电图检查，可见异常脑电波。

（7）脑脊液检查，可见氨含量增高。

治疗方法

（1）查明病因，对因治疗。

（2）去除诱发因素，减少氨的摄入，纠正低血容量，温水加广谱抗生素灌肠冲洗。

（3）吸氧保护肝、肾、脑功能。

（4）防止继发感染，大量使用广谱抗生素。

预防措施

（1）限制蛋白质摄入，减少饲料中脂肪含量。

（2）及时驱虫，保护胃肠功能。

（3）口服广谱抗生素，减少结肠细菌。

4. 中暑

中暑是犬在炎热季节中，因高温高湿引起脑及脑膜充血和脑实质急性病变，从而导致中枢神经系统功能严重障碍的疾病，又称日射病或热射病。

诊断要点

(1) 炎热季节关闭在室内，环境高温、高湿、通风不良，又无饮水，可引起本病。

(2) 呼吸加快，虚脱，呕吐，黏膜发绀，体温升高至41℃以上，多突然死亡。

(3) 脑及脑膜血管高度郁血，脑脊液增多，脑组织水肿，肺充血，肺水肿，胸膜、心包膜、肠黏膜有郁血斑。

治疗方法

(1) 防暑降温，将病犬迅速移至通风处，头部、腹部用冰袋降温，冷水灌肠，内服十滴水2～5毫升或风油精1～2毫升。

(2) 伴发肺水肿、肺充血时，进行对症治疗。呼吸困难时输氧。

(3) 强心利尿，缓解酸中毒。可使用安钠咖、尼可刹米等强心剂，及10%～25%葡萄糖利尿强心；使用5%碳酸氢钠缓解酸中毒，或静注生理盐水。

预防措施

(1) 保证犬舍通风，有防暑设施，供给充足饮水。

(2) 加强耐热训练，中午给犬洗澡。

5. 恐惧精神病

恐惧精神病是犬突然发生恐惧症为主要特征的精神性疾病。

诊断要点

(1) 病犬无特殊病史，常在受到刺激后突然发作（如听到飞机声、警报声、雷声，或受到惊吓之后），多发于2～6月龄仔犬。

(2) 有恐惧表现，持续2～5分钟不等。有4种表现形式：逃遁型，表现为突然站立，尖叫，奔逃，有时空咬，口吐白沫；幻觉型，表现为突然表现攻击或防御行为，或胆怯地蜷伏于墙角；眩晕型，表现为战栗，摇摆，嚎叫，侧卧，迅速起立；癫痫型，表现为突然逃遁，嚎叫，倒地四肢伸直，抽搐，瞳孔扩大，口吐泡沫。

（3）发作频率为数日1次或1日数次。

（4）剖检无肉眼可见变化。

治疗方法

（1）更换饲料，添加维生素B和烟酸。

（2）药物治疗，可用安定（2.5～5毫克/次，2次/日，口服）或盐酸氯丙嗪（每千克体重2～3毫克，1次/日，肌注）。

6. 先天性脑积水

先天性脑积水是因发育扰乱所致的脑室积水病。

诊断要点

（1）有近亲交配史或胚胎期患过脑膜炎，可引起本病。

（2）生后不久死亡或表现脑积水症状。

（3）失明，眼球震颤，外斜视，步伐紊乱，转圈运动，呆痴，听觉扰乱，流浪不归。

（4）X线检查，可见颅腔扩大，额骨拱起，眼眶缩小。

（5）有条件时可作CT检查。

治疗方法

治疗无显著效果，建议淘汰。

7. 遗传性运动失调

遗传性运动失调是因小脑先天发育不全和组织结构不完善所引起的静止性运动失调的疾病。

诊断要点

（1）遗传家族史，呈常染色体显性遗传，或病犬胚胎期曾患脑膜炎或脑脊髓炎，可引起本病。

（2）步态不稳，四肢叉开，头不自主地晃动，前进困难。

(3) 步态呈独特跳跃状，足高举，甩动向前，摸索前进。

(4) 倚物呆立时症状消失。

(5) 不能准确摄食，常用爪或嘴在饲盆旁乱抓。

治疗方法

一般不作治疗，建议淘汰。

8. 脊髓性肌肉萎缩

脊髓性肌肉萎缩是脊髓局部的某些神经细胞早期死亡引起的肌肉萎缩麻痹性疾病。

诊断要点

(1) 病犬无特殊病史。

(2) 仔犬在3月龄时开始表现某些腿部肌肉的持续麻痹。

(3) 麻痹、萎缩多见于腿上部肌肉。

(4) 病犬寿命较短。

治疗方法

不作治疗，淘汰。

9. 持续颤搐

持续颤搐是高度纯化品种的一种遗传退化表现。

诊断要点

(1) 病犬全身肌肉或某一部分肌肉持续抽搐。

(2) 睡眠时症状消失，兴奋时症状加剧。

(3) 注意和犬瘟热、脑脊髓炎等疾病区别。

治疗方法

不作治疗，建议淘汰。

10. 阵发性肌僵硬

阵发性肌僵硬是犬的一种神经系统疾病。

诊断要点

(1) 多见于苏格兰犬。

(2) 3～6月龄时发病。

(3) 病犬在剧烈运动后，体态僵硬，不能举步，头下垂触地、尾向上或向侧竖起。

(4) 意识清醒，不扰乱。

(5) 不发作时不表现异常情况。

治疗方法

不作治疗，避免犬剧烈运动。

11. 脊髓损伤

脊髓损伤是犬受外界暴力作用而导致脊髓向中枢和末梢神经的传导中断的疾病。

诊断要点

(1) 发生佝偻病、骨软症、脊椎炎、椎间软骨瘤等，并受到外界暴力作用而导致椎间盘破裂、骨折、脊椎脱位等。

(2) 病犬疼痛，呻吟，卧地不起。大小便失禁，或排粪排尿困难，有时休克。

(3) 损伤部位疼痛、水肿、出血、变形。常见损伤部位及相应症状见表11-3。

表11-3　脊髓损伤部位及相应症状

损伤部位	症状
第六颈椎到第二胸椎	呼吸暂停或间隔呼吸，不排尿，两前肢反射降低，两后肢反射亢进，四肢麻痹，感觉丧失
第三胸椎到第二腰椎	不排尿，伴反射亢进的截瘫，强直扩延到两前肢，麻痹扩延到两后肢，前肢正常运动
第三胸椎到第四腰椎	不排尿，肛门松弛，两后肢及尾部反射性截瘫，后部躯体痛觉丧失

(4) X线检查，可见损伤程度及位置。

治疗方法

(1) 避免脊柱剧烈弯曲活动。

(2) 刺激后躯尾端，脚趾痛觉存在，预后良好。

(3) 设法恢复原脊椎形状并固定，限制其运动。

(4) 镇痛消炎，防止水肿，可用20%甘露醇（每千克体重2毫克，静注）、地塞米松（每千克体重2～4毫克，静注）。

(5) 防止褥疮、膀胱炎、肺炎等并发症。

12. 脊髓压迫症

脊髓压迫症是犬脊髓受压后所发生的麻痹、瘫痪性疾病。

诊断要点

(1) 椎间盘突出、椎骨畸形、脊椎炎、脊髓膜骨化、肿瘤、椎管内脓肿、出血、寄生虫移行、脊柱创伤、椎骨脱位等，可引起本病。

(2) 常见于北京犬、法国喇叭犬、猎獾犬。

(3) 起病急缓、症状轻重、病程长短因疾病性质部位而异。慢性起病、缓慢进展的常为硬膜内脊髓外病变。

(4) 首发症状常为自发性疼痛，据此可初步定位。

(5) 受压部位不同，麻痹或瘫痪程度不一。麻痹区域肌肉张力增高，腱反射亢进，病理反射阳性。受压部位及相应症状见表11-4。

(6) X线检查，可见脊椎病变（彩图83）。

(7) 脊髓液检查，可见蛋白质含量增高。

治疗方法

(1) 找出病因，治疗原发病。

(2) 使用镇静止痛药、维生素B及其他神经营养药。

(3) 手术治疗，复位椎间盘，纠正脱位，去除压迫。

表 11-4 脊髓压迫症受压部位及相应症状

部位	症状
第一颈椎到第五颈椎	四肢表现 UMN 症状，颈部不能转动和自由采食
第六颈椎到第二胸椎	前肢表现 LMN 症状，后肢表现 UMN 症状
第三胸椎到第三腰椎	前肢正常，后肢表现 UMN 症状
第四腰椎到第二尾椎	前肢正常，后肢表现 LMN 症状
第一尾椎到第三尾椎	后肢部分表现 LMN 症状，会阴反射丧失，膀胱弛缓
尾神经	尾弛缓

注：UMN 症状，即自主运动性丧失，肌肉紧张性增加，反射增加；LMN 症状，即轻瘫，反射丧失，肌肉紧张性丧失。

（4）预防并发症，经常更换病犬体位，使用尿路消毒药及广谱抗生素，防止褥疮、肺炎、脓毒症、膀胱炎。

13. 三叉神经麻痹

三叉神经麻痹是分布在犬咬肌上的三叉神经运动分支（颌骨支）的传导性发生障碍的一种疾病。

诊断要点

（1）犬瘟热、狂犬病、桥脑炎症、脑创伤、肿瘤、硫胺缺乏，以及犬衔取重物、啃咬骨头等，可引起本病。

（2）麻痹神经分布区域失去感觉，表现相应症状。眼神经麻痹，表现：额部至耳根、眼睑角膜感觉丧失。上颌神经麻痹，表现：颜面、鼻梁、颊部、唇、口舌黏膜无感觉，常有舌咬伤。下颌神经麻痹，表现：除上颌神经麻痹症状外，咀嚼肌麻痹。两侧支全神经麻痹，表现：口张开，下颌下垂，舌伸出口外，吐泡沫，采食咀嚼困难。

治疗方法

(1) 注意护理，保证营养供应。

(2) 咬肌按摩和电疗。

(3) 维生素 B_1、B_{12} 等肌注或口服。

(4) 神经断裂性麻痹，预后不良。

十二、运动系统疾病

1. 风湿病

风湿病是反复发作的急性、慢性非化脓性炎症。其特征是胶原结缔组织发生纤维蛋白变性，以及结缔组织出现非化脓性炎症，又称风湿热。

诊断要点

（1）犬舍潮湿，受雨淋、寒风袭击，有咽炎、喉炎、扁桃体炎等上呼吸道感染史，均可引起本病。一般认为本病是一种变态反应性疾病，并和溶血性链球菌感染有关。

（2）病犬突然表现跛行，步态强拘，肌肉僵硬，触诊时疼痛，跛行（随运动而减轻），跛肢常改变（彩图 84）。

（3）阴雨、寒冷天气常复发。发作时体温升高，食欲降低，周围淋巴结肿大。

（4）X线检查，可见患病关节周围稀疏，骨小梁粗糙，软骨下骨板及骨骺的网状骨质稀疏，关节粗糙不规则。

（5）关节滑液检查，可见有核细胞增多（一般达 38000 个/毫米^3），单核细胞达 20%～80%，杆状细胞为 20%～80%。

（6）血液学检查，可见白细胞增多，嗜酸性粒细胞增多，红细胞或血红蛋白减少，血沉增快等。

治疗方法

（1）用青霉素（每千克体重 2 万～4 万单位，2 次/日，肌注）和硫酸链霉素（每千克体重 1 万～2 万单位，2 次/日，肌注）治疗和预防链球菌感染。

（2）解热镇痛抗风湿，可用阿司匹林（0.2～1克/次，口服），保泰松（每千克体重8～10毫克，3次/日，口服），风湿宁（2～4毫升/次，2次/日，肌注）、水杨酸钠（每千克体重0.02～0.2克，2次/日，口服）。

（3）病情较重者可使用地塞米松（每千克体重0.25～1毫克，1次/日，肌注），或强的松龙（每千克体重2毫克，2次/日，口服）。

（4）加强护理，保持犬舍干燥，防寒，防贼风侵扰。

预防措施

（1）保持犬舍干燥。

（2）及时治疗呼吸道感染性疾病。

（3）加强营养，增加运动量，增强犬体抵抗力。

2. 髋关节发育异常

髋关节发育异常是犬的一种以髋臼变浅、股骨头不全脱臼、跛行、疼痛、肌肉萎缩为特征的复合性疾病。

诊断要点

（1）本病为一种多因子遗传病，常见于大型品种幼犬（如德国牧羊犬、英国塞特猎犬等）。在环境应激因素作用下，发病率可达50%以上。

（2）3～6月龄幼犬症状明显。

（3）病犬后肢步幅小，跛行，行走时弓背，或后躯左右摇摆，后肢无力。运动时，关节松弛，有疼痛感表现（彩图85）。

（4）常规化验无异常。

（5）X线检查，可见髋关节骨性增生，髋臼变浅，股骨头疏松而扁平，中央部分向髋臼前缘或背缘移位形成不全脱臼及全脱臼（彩图86）。摄影位置为仰卧或俯卧。

（6）继发症：退化性骨关节病。

治疗方法

（1）保守疗法：限制运动，服用消炎镇痛剂，往往难以奏效。

（2）手术疗法，可采用骨盆切开术，股骨头、颈切除术，耻骨肌切断术等整复固定髋关节。手术复杂，临床上很少施行。

预防措施

（1）自4周龄起建立仔犬髋关节X线档案，发育异常犬一律不作种用。

（2）改善饲养条件，避免仔犬剧烈运动及过度肥胖、生长过快。

3. 骨折

骨折是骨或软骨完全或不完全断裂的一种突发性疾病。

诊断要点

（1）车祸、打击、奔跑、跳跃、摔跌、枪击等导致的外伤，可引起本病。

（2）病犬不安，痛叫，局部压痛，肿胀，功能障碍，骨折肢体形状改变或角度异常。完全骨折时有异常活动及骨摩擦音。

（3）X线检查，可判断骨折的形状、方位，明确骨折后的愈合情况及鉴别其他的骨骼疾病（彩图87、88）。

治疗方法

（1）急救：原地迅速止血，临时固定骨折部。休克时及时输液，疼痛剧烈时可应用镇静剂。

（2）在全身麻醉后，进行整复与固定：

新鲜、较稳定的四肢闭合性骨折，术者根据X线情况可采用牵引、旋转、屈伸、压迫、摆晃等手法使骨折处复位，后用夹板绷带、石膏绷带等做外固定。

开放性骨折或复杂的闭合性骨折，术者应采用切开性整复与固定术。术前清洗、剃毛、消毒；术中依无菌要求操作，进行清创、整复与内固定；术后应连续使用抗生素，控制创口感染，并配合外固定，以保证固定效果。

（3）术后2～3周内关养，减少运动。饲料中添加钙片、鱼肝油或多种维生素。根据X线检查结果，拆除固定。内固定接骨板，骨髓内部螺丝钉的拆除时间为：3月龄以下，4周；3～6月龄，2～3个月；6～12月龄，3～5个月；1岁以上，5～14个月。

（4）药物治疗，可内服三七片、云南白药，全身应用广谱抗生素，注射破伤风抗毒素等。

4. 肥大性骨发育异常

肥大性骨发育异常是大中型犬的幼犬因生长过快所产生的一种骨骼疾病。

诊断要点

（1）病犬生长发育迅速，营养过度。

（2）常见于大丹犬、德国牧羊犬、拳狮犬、格力犬等大型犬，3～7月龄幼犬多见。

（3）病犬不愿站立行走，长骨骨端部温热、肿大、疼痛。

（4）X线检查，可见骨骺硬化、肥大，骨膜外有不透X线的阴影。桡尺骨、胫骨远端常发。

治疗方法

（1）调整饲料配方，控制生长速度，适当降低饲料中矿物质含量，控制采食量，减缓生长速度。

（2）消炎镇痛，一般用消炎痛（25～50毫克/次，3次/日，口服）、复方氨基比林（1～2毫克/次，2次/日，肌注）或炎痛喜康（20毫克/次，1次/日，口服）。

5. 分割性骨软骨炎

分割性骨软骨炎是关节软骨异常增厚、破裂、松脱或游离于关节中，并影响软骨下骨的关节疾病。

诊断要点

（1）关节创伤可引起本病，或无特殊病史（本病为一种遗传性疾病）。

（2）肩关节肱骨头最易发，也可见于肱骨内髁，股骨内、外侧髁，距骨内滑车后面。

（3）3～10 月龄仔犬表现症状。持久性跛行，关节有“咔嚓”声，运动后跛行加重，休息后关节不灵活。

X 线检查，肩关节侧位摄影在后半部肱骨关节面中间可见扁平不规则物体。股髁骨侧位 X 线摄片可见病变，跗关节前后位摄片可观察到关节面凹痕。

治疗方法

（1）保守疗法：限制运动，关养；使用消炎药。

（2）手术疗法，去除软骨瓣及软骨下骨病变组织，取出疏松的骨片（关节小鼠）。

6. 关节脱位

关节脱位是关节骨端的正常结合因受机械外力作用造成的变位，又称脱臼。

诊断要点

（1）病犬有外伤史。

（2）常发于髋关节、肩关节、肘关节及髌骨脱位。

（3）关节变形、肿胀。

（4）关节固定于非正常位置上，他动时有弹性。

（5）肢势改变，患肢变长或变短。

（6）功能障碍，常出现跛行。

（7）X 线检查，可确诊脱位的性质及位置（彩图 89）。

治疗方法

全身麻醉后整复。整复后限制运动，关养。

7. 肥大性骨关节病

肥大性骨关节病是犬四肢骨变化的同时又兼有胸腔病变的一种疾病，又称巴里病、肥大性肺骨关节病。

诊断要点

（1）肺肿瘤、肺炎、肺脓肿、支气管扩张、恶丝虫病、细菌性心内膜炎，可引起本病。

（2）多发于老龄犬。

（3）腿部进行性增粗，畸形，温热，触痛，跛行，咳嗽，轻度呼吸困难，异常呼吸音。

（4）X线检查，可见长骨干和爪部两侧有广泛性的新骨增生。骨皮质无实质性病变。肺部有异常阴影。

治疗方法

找出肺部原因，积极治疗肺部疾病。一般手术切除病变肺叶。若肺部病变为转移性肿瘤，则预后不良。另据报道，在颈部及纵隔上方切除一侧迷走神经，对治疗本病有一定效果。

8. 骨肉瘤

骨肉瘤是一种恶性肿瘤，肿瘤无明显界限，有骨膜反应或皮质增生现象，易转移到肺，易发生病理性骨折。

诊断要点

（1）常见于大型犬种。

（2）常在受侵害的骨质层形成突起的肿块（彩图 90）。

（3）常发于肋骨、四肢和肺。

（4）四肢骨肉瘤主要发生在长骨的骨骺端，并且较坚硬，含成熟骨刺或软骨刺。

（5）X线检查，可见特征的“旭日”效应（彩图 91）。

（6）组织学检查，瘤细胞为高度多形性，可产生成熟骨刺或不成熟骨刺、软骨和结缔组织。

(7) 有高度侵袭性，易发生转移，特别是转移到肺部。

治疗方法

应早期施行截肢术，预后多不良。

9. 骨髓炎

骨髓炎是犬骨髓组织的化脓性炎症。

诊断要点

(1) 骨折、穿刺、创伤、邻近组织化脓性感染及败血症，可引起本病。

(2) 急性化脓性骨髓炎临床表现为：体温突然升高，精神沉郁，废食，局部疼痛，红肿灼热，肢体患病时跛行。

(3) 慢性化脓性骨髓炎临床表现为：瘘管形成，窦道口排脓，局部坚实疼痛，全身症状不明显。

(4) 血液学检查，可见急性期白细胞总数增加，核左移，血沉加快。

(5) X线检查，可判定病变部位、范围、性质及治疗效果。一般患骨呈虫蚀状。

治疗方法

(1) 急性化脓性骨髓炎：全身大剂量应用广谱抗生素，如青霉素（每千克体重2～4克，2次/日，肌注）、硫酸链霉素（每千克体重1～2克，2次/日，肌注）、先锋霉素V（每日每千克体重20～40毫克，分3～4次肌注）、硫酸庆大霉素（每千克体重4毫克，2次/日，肌注）、盐酸林可霉素（每千克体重15毫克，2次/日，肌注）等。开放性骨折、创伤性急性骨髓炎，应及时清除坏死组织和死骨。

(2) 慢性化脓性骨髓炎：手术清创；局部及全身做抗生素治疗；久治不愈者，截肢。

10. 化脓性关节炎

化脓性关节炎是关节组织被化脓菌感染所引起的化脓性炎症。

诊断要点

（1）关节遭创、关节内开放性骨折、血源性感染、创口感染或直接蔓延等可诱发本病。

（2）全身症状：沉郁，厌食，衰弱，体温升高，跛行。

（3）局部表现：红肿，温热，疼痛，波动。

（4）早期关节液淡黄色，有少量白细胞，无细菌生长；中期关节液混浊，有脓细胞，细菌培养部分阳性；后期关节液脓性，细菌培养阳性。

（5）关节液细菌培养药敏试验可指导治疗。

治疗方法

（1）根据药敏试验全身应用大剂量抗生素和支持疗法。一般用青霉素（每千克体重 4 万～10 万单位，2 次/日，肌注）、硫酸链霉素（每千克体重 2 万～4 万单位，2 次/日，肌注）、硫酸庆大霉素（每千克体重 2～4 毫克，2 次/日，肌注）、硫酸阿米卡星（每千克体重 5～10 毫克，2 次/日，肌注）。

（2）关节腔内注射抗生素。

（3）关节腔冲洗或引流，冲洗液可用生理盐水、青霉素溶液。

（4）局部制动有利于恢复。

11. 脊椎炎

脊椎炎是以破坏性病变为特征的椎体炎症。其破坏性病变可发生在终板、椎间盘和椎体。由于骨密质发生破坏，常引起骨的增生。

诊断要点

（1）外伤或感染，可引起本病。

（2）突然发病，疼痛，不愿运动；脊椎关节僵硬，不灵活，弓背，触摸棘突疼痛剧烈。

（3）X线检查，可见椎体有分解性病变，椎间盘缺损，椎间隙狭窄，不规则骨增生。

治疗方法

（1）用强的松龙、乙酰水杨酸、保泰松等镇痛。用磺胺类药物消炎。使用维生素、葡萄糖酸钙等。

（2）加强护理，保持犬舍干燥。

12. 皮肤无力症

皮肤无力症是犬全身皮肤过度伸展的一种遗传性结缔组织疾病。

诊断要点

（1）病犬无特殊病史，具遗传性。

（2）病程长，随着年龄的增长而发展。病犬在2～3岁时，皮肤开始伸展下垂。4～5岁时，除皮肤下垂外，眼瞬膜脱出。6～9岁时常发生关节脱臼、跛行、耳血肿、皮下水肿、腹腔积液或积血。犬最终因大出血而衰竭死亡。

（3）部分病犬皮肤伸展程度达体长的25%～30%。计算公式为：

$$\text{皮肤伸展程度（\%）}=\frac{\text{背腰皮肤纵向牵引的长度}}{\text{体长}}\times 100\%。$$

治疗方法

无有效治疗方法。

13. 软骨瘤

软骨瘤是一种良性肿瘤，有明显界限，易发生于指骨，不发生转移，易发生病理性骨折。

诊断要点

（1）起源于软骨，常作为复膈乳腺瘤的一部分。

（2）常为大小不一的单个肿瘤。

（3）切面为透明蓝灰色，常含有红棕色坏死区。

（4）组织学检查，可见细胞与透明软骨细胞相似，周围聚集不成熟的软骨细胞。

（5）通过扩散发育，有癌变的可能。

治疗方法

做彻底的切除。

14. 嗜伊红细胞性肌炎

嗜伊红细胞性肌炎是犬咀嚼肌被嗜红细胞浸润所引起的一种急性复发性炎症。

诊断要点

（1）病因不明。

（2）多发于德国牧羊犬。

（3）突然发作，发作时持续1～3周，间隔3～6周后再次发作。发作时，病犬咀嚼肌对称性肿胀，口半开，吃食困难，局部淋巴结肿胀，病后期吞咽困难。

（4）血液学检查，可见嗜伊红细胞增多。

（5）咀嚼肌肉穿刺活检，可见嗜伊红细胞浸润，呈急性肌炎变化。

治疗方法

无特效疗法。发作时，可使用皮质甾类及促肾上腺皮质激素（每千克体重2单位，1次/日，肌注）。

15. 退化性骨关节病

退化性骨关节病是犬可动关节的一种慢性非炎性疾病，又称骨关节炎。

诊断要点

(1) 髋关节发育异常、先天性髋骨移位、股骨头非化脓性坏死、分割性关节软骨炎、关节面连接不全性骨折等，使关节不稳定或改变其负重功能，可引起本病。

(2) 本病常发于髋关节、膝关节、肩关节、肘关节等负重关节。

(3) 病犬不愿运动，跛行，关节不灵活，触诊疼痛，卧或坐后起立困难。

(4) 阴雨天气或大运动量后，跛行加重，疼痛加剧。

(5) X线检查，可见关节缘有骨瘤，关节腔狭小，骨骼厚，软骨下骨密度增加，关节周围阴影密度增加（彩图92）。

(6) 关节穿刺，可见关节液增多，变色，组织细胞成分增加。

治疗方法

(1) 加强护理，避免剧烈运动，可散放或游泳。肥胖犬应减肥，保持犬舍干燥、温暖。

(2) 药物治疗，可在关节腔内注射可的松，并用阿司匹林、消炎痛、炎痛喜康、保泰松等止痛。

(3) 采用冷敷、牵引等物理治疗方法。

(4) 外科治疗，只能减慢病情发展，不能治愈本病。

16. 黏液囊炎

黏液囊炎是关节黏液的炎症性疾病。

诊断要点

(1) 黏液囊部外伤，可诱发本病。

(2) 常发于大型品种犬，如德国牧羊犬、丹麦犬、爱尔兰猎狼犬、圣伯纳犬等。

(3) 多见于肘突上方黏液囊。病犬肘部鹰嘴突水平上方，发生柔软到硬实的肿胀（彩图93）。触诊疼痛。慢性病例，囊壁变厚，发生纤维化，甚至黏液囊肿胀中央部皮肤溃烂，形成无疼褥疮。常复发。

（4）穿刺抽出黏液囊内黏液进行培养，确诊有无感染。做药敏试验可指导临床。

治疗方法

（1）保守治疗：保持犬床舒适柔软，用保护性软垫绷带包扎黏液囊。未感染时，向囊体内注入强的松龙5～10毫升；已感染的，向囊体内注入相应抗生素，一般用青链霉素。

（2）慢性复发性黏液囊作手术摘除。

17. 全身性红斑狼疮

全身性红斑狼疮是一种反复发作、有时可暂时缓解的慢性自身免疫性疾病。

诊断要点

（1）多见于3～8岁母犬，也可见于仔幼犬。

（2）3～6月发病率高，日晒后加重。

（3）出现发热、沉郁、厌食、淋巴结肿胀等全身症状，长期患病呈恶病质样。关节局部及其邻近皮肤大面积发炎，红肿显著，关节僵硬、剧痛。全身皮肤出现皮疹、多形红斑，犬下腹部明显。

（4）实验室检查，可见白细胞总数增加，中性粒细胞增多，血小板减少，血沉加快，血清白蛋白减少，球蛋白增高，血液中找到红斑狼疮细胞；蛋白尿、血尿及管型尿；关节液减少，在空气中易凝固，血细胞增多，核左移；荧光抗体试验阳性。

（5）应注意和多发性骨关节炎、湿疹等鉴别诊断。

治疗方法

（1）酌情使用消炎痛、阿司匹林等药消炎镇痛。

（2）使用肾上腺皮质激素，如强的松龙（每千克体重2～4毫克，2 次/日，口服，2 周后半量)，氢化可的松（每千克体重 4.4 毫克，2 次/日，口服)。

(3) 使用免疫抑制剂，如环磷酰胺（每千克体重 6.6 毫克，1 次/日，口服，3 日后依 1/3 量口服）或硫唑嘌呤（每千克体重 2 毫克，1 次/日，口服)。服药期间，白细胞降低时应停止用药，待白细胞回升后，以半量给药。

十三、眼耳疾病

1. 结膜炎

结膜炎是犬眼睑结膜、球结膜的炎症。

诊断要点

(1) 结膜外伤史，各种异物、光、热、化学药品的刺激，可引起本病；继发于邻近器官和组织疾病，也常继发于犬瘟热、犬传染性肝炎、钩端螺旋体等传染病；某些内科病及寄生虫病，也可诱发本病。

(2) 病犬怕光，流泪，结膜潮红、肿胀、疼痛，眼睑闭合且有分泌物。

(3) 卡他性结膜炎临床症状：病犬结膜潮红，肿胀，充血，流出浆液、黏液性分泌物。急性型表现为：轻症犬结膜潮红，呈鲜红色，分泌物稀薄，或呈黏液性；重症犬，眼睑肿胀，畏光，充血，疼痛加剧。分泌物多时蓄积于结膜囊和眼内眦。慢性型表现为：病犬患眼羞明、充血，疼痛常不明显。病程较长时，结膜变厚，有少量的分泌物。

(4) 化脓性结膜炎临床症状：病犬眼内流出大量脓性分泌物，上、下眼睑常被粘在一起，主见于某些传染病过程中。

治疗方法

(1) 去除病因，将病犬置于光线阴暗处。

(2) 以3%硼酸液、1%明矾溶液清洗患眼。

(3) 药物治疗，可用0.5%盐酸普鲁卡因液1毫升溶解5万单位青霉素，再加入氢化可的松2.5毫克，作球结膜内注射或眼底注射。硫酸卡那霉素或硫酸庆大霉素眼药水滴眼，2～3 次/日。病情严重时，全身进行抗生素治疗。

2. 角膜炎

角膜炎是指犬眼角膜的炎症。

诊断要点

（1）有角膜外伤、异物刺激的病史，或眼邻近组织感染史，可引起本病。犬传染性肝炎、眼寄生虫病也可并发角膜炎。

（2）病犬畏光，流泪，疼痛，结膜潮红、肿胀，眼睑闭合或半闭合，角膜周围血管充血，角膜混浊、缺损或溃疡。有时形成不透明的瘢痕。

（3）临床上常见下列几种角膜炎：外伤性角膜炎，表现为角膜有点状或斑状混浊，严重时角膜穿孔，眼房液流出；表层性角膜炎，表现为角膜上皮肿胀，角膜面粗糙不平，透明度减低，混浊部呈淡蓝色或灰白色，病程较长时角膜面有树枝状新生血管；深层性角膜炎，表现为角膜混浊、白色不透明，角膜周边的毛细血管网呈细帚状，眼球触诊疼痛；化脓性角膜炎，表现为眼内排出脓样分泌物，结膜、巩膜充血、肿胀，角膜呈灰黄色，表面粗糙无光或有溃疡，严重时形成角膜穿孔。

治疗方法

（1）消除炎症，可用 3%硼酸洗眼，硫酸庆大霉素眼药水或硫酸卡那霉素眼药水滴眼（2～3 次/日），0.5%～1%硫酸阿托品滴眼（2 次/日）。

（2）促进角膜混浊吸收，可用甘汞和乳糖粉等量混合，吹入患眼（1～2 次/日），醋酸可的松（0.5%滴眼液）滴患眼（1～2 次/日），自家血皮下注射（静脉采血 2～3 毫升，立即注入眼睑皮下，2～3 日 1 次）。

3. 青光眼

青光眼是因眼内压增高所致的眼功能失常性疾病，又名绿内障。

诊断要点

(1) 常见于硬毛㹴、西班牙长耳猎犬、毕克犬、贵宾犬等。

(2) 病犬安静、沉郁或易兴奋。病犬眼球增大而突出，角膜模糊而不透光，球结膜和巩膜血管充血，瞳孔散大，眼球有坚硬感。严重时视力丧失，撞墙。

(3) 眼底检查，可见视乳头盘的青光眼吸杯，视神经乳头萎缩和凹陷，血管偏向鼻侧，严重病例视神经乳头呈苍白色。

治疗方法

尚无特效疗法，可试用下列方法：

(1) 高渗疗法，即静注高渗葡萄糖或甘露醇，降低眼内压。

(2) 缩瞳疗法，即口服乙酰唑胺（每千克体重 8 毫克，3 次/日）；扩大瞳孔时，眼内滴入 0.1%氟磷酸二异丙酯溶液、3%毛果芸香碱。

(3) 用药后 2 日尚无疗效时，应考虑施行巩膜环钻术、虹膜箝顿术。

4. 虹膜炎

虹膜炎是指眼虹膜部分或全部发炎。

诊断要点

(1) 眼外伤，或患犬传染性肝炎、犬瘟热、钩端螺旋体病、脓毒症等全身性疾病，可诱发本病。

(2) 病犬突然出现畏光、流泪、眼睑痉挛症状。球结膜充血，角膜混浊，虹膜肿胀。瞳孔缩小。常并发虹膜与晶状体粘连，继发性青光眼。当睫状体和脉络膜发炎时，可出现玻璃球混浊。

治疗方法

（1）抗菌消炎，可用强的松龙（20～50毫克，1次/日，肌注，连续3～5天）、醋酸泼尼松龙（眼结膜下注射0.5～1毫升，20毫克/毫升）、氢化可的松滴眼液（滴眼，4～5次/日）。

（2）为保持瞳孔散大，常使用散瞳药，如阿托品等。

（3）如病犬不安、疼痛明显，应使用度冷丁、安痛定等镇痛剂。

5. 白内障

白内障是犬眼晶状体前囊或晶状体发生混浊的疾病。

诊断要点

（1）眼外伤、结膜炎、角膜炎、糖尿病、佝偻病、维生素A缺乏症等，可诱发本病；或为先天性疾患。

（2）常见于8～12岁的老龄犬。

（3）先天性白内障常见于波士顿犬、史丹福斗犬、金毛猎犬、拉布拉多猎犬、美国可卡犬、威尔斯史宾格犬、阿富汗犬、英国牧羊犬、德国牧羊犬等。

（4）病犬晶状体混浊、白色、不透明，瞳孔变色，视力减退或消失（彩图94）。

治疗方法

初期就应控制病变的发生，针对原因进行对症治疗。晶状体一旦混浊就不能被吸收，只能施行晶状体摘除术。

6. 眼睑内翻

眼睑内翻是犬眼睑边缘向内翻，睫毛和眼睑毛刺激角膜而引起角膜炎症的疾病。

诊断要点

（1）眼睑内翻有先天性、后天性、痉挛性3种，它们的共同症状是：病犬眼睑边缘向内翻转。患眼流泪，畏光，疼痛。严重时出现角膜炎、角膜增生、溃疡等症状。

（2）先天性眼睑内翻：常见于中国地方狼犬、拉布拉多猎犬、爱尔兰塞特犬等品种。最常发生于下眼睑外侧，上眼睑、下眼睑内侧（彩图95）。

（3）痉挛性眼睑内翻：常继发于结膜炎、角膜结膜炎、倒睫、睫毛异生、角膜溃疡等。病因是眼轮匝肌痉挛。眼内滴入麻药后内翻解除。

（4）后天性眼睑内翻：继发于眼内脂肪丧失、肌萎缩的一种常见后遗症。也见于异常小眼。

治疗方法

（1）痉挛性眼睑内翻：去除刺激物，滴抗生素眼药水（3～4次/日）可见效。

（2）先天性和后天性眼睑内翻：手术矫正，矫正时间以4～6月龄为宜。手术前，每天眼睑局部麻醉3～4次，以保护角膜免受睫毛刺激。

7. 眼睑外翻

眼睑外翻是犬眼睑边缘向外翻转的疾病。

诊断要点

（1）常为许多品种犬的先天性眼病。多见于圣伯纳犬、美国长耳犬、矮脚长耳猎犬等。

（2）眼睑边缘向外翻转，下眼睑外翻时外观丑陋。常表现流泪、畏光、结膜皱襞中积聚渗出物等角膜炎、结膜炎症状。严重时可发生色素沉着。

治疗方法

（1）大多数先天性眼睑外翻犬无须手术治疗。

（2）继发慢性角膜炎、结膜炎，并对药物治疗无效的病犬，可施行手术。常采用沃顶-琼斯睑成形术，即 V-Y 形矫形术。

8. 第三眼睑腺突出

第三眼睑腺突出是犬第三眼睑腺体越过瞬膜缘或连同瞬膜向外突出于眼球表面（图 13-1）。

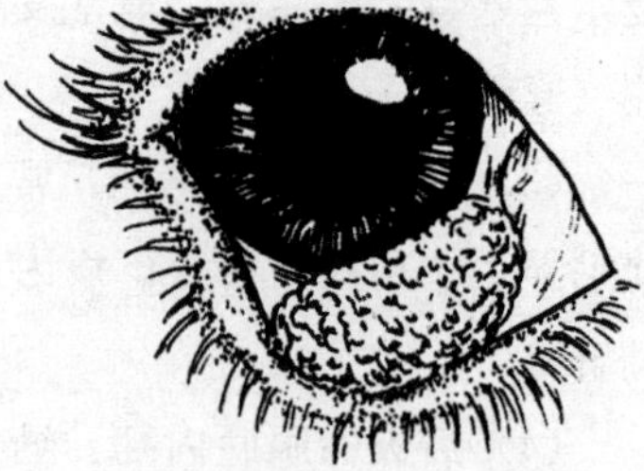

图 13-1　第三眼睑腺突出

诊断要点

（1）第三眼睑腺肥大，腺体附着韧带发育不良，可诱发本病。也常由先天性缺陷所引起。

（2）所有品种犬均可发生，但最常见于美国长耳犬、矮脚长耳猎犬、英国小猎兔犬。

（3）发病年龄常在 3～12 月龄。

（4）患眼可见软组织块突出于眼内侧，呈粉红色、深红色等（彩图 96）。病程较长者，腺体充血、肿胀、泪溢，经久可引起结膜炎、角膜炎。

治疗方法

手术治疗。手术治疗不是切除第三眼睑腺，而是将其缝合到巩膜层予以固定。

9. 外耳炎

外耳炎是外耳道上皮的急性或慢性炎症。

诊断要点

（1）垂耳或外耳道多毛品种犬多发。

（2）引起外耳炎的原因很多，如痒螨、蠕形螨和虱寄生于耳廓，细菌、真菌感染，机械性刺激，外耳道异物和肿瘤，过敏反应等都可引起。

（3）该病最常见的症状是瘙痒，病犬表现为痛苦不安，常摇头、摩擦或搔抓耳廓，造成耳廓和颈部皮肤损伤、出血、耳糜烂和溃疡。耳分泌物增多，散发出异常的臭味，慢性感染发炎可致耳道狭窄，耳道皮肤肥厚，发生溃疡，听力下降（彩图97）。

（4）对耳道刮片检查、耳分泌物染色，分离培养可以确定病原。

治疗方法

（1）首先去除耳道及耳廓处被毛、异物、耳垢、分泌物及痂皮。

（2）每天局部使用含抗生素、抗真菌药、抗寄生虫的复合制剂，如“耳康”滴耳。

（3）对外耳道脓性分泌物过多、体温升高者，应及时全身使用抗生素治疗，以防止继发中耳炎和内耳炎。

（4）为防止犬抓伤耳廓，引起损伤，应佩戴伊丽莎白项圈（彩图98）。

（5）顽固性外耳炎、耳道过分狭窄或堵塞者，可行外耳道切开术。

10. 中耳炎

中耳炎是犬鼓室的一种炎症。

诊断要点

（1）常继发或并发于外耳炎，病犬病史及发病原因与外耳炎相似。

（2）病犬症状和外耳炎相似：耳下垂，甩头，搔扒患耳，头向患侧旋转。外耳道内有排泄物，耳道内发炎。

（3）并发内耳炎时，转圈，共济失调，眼球颤动，常继发脑膜炎或小脑脓肿。

（4）耳分泌物病原菌检查及药敏试验可指导临床。常见的病原菌为葡萄球菌、链球菌、假单胞菌、变形杆菌等。

（5）耳镜检查，可发现耳道内异物或炎症变化、鼓膜穿孔或鼓膜病变。鼓膜正常时为半透明凹陷，有珍珠样灰白色光泽。如鼓膜混浊，膨胀，光泽消失（透明绿色说明鼓室内出血，红色说明急性内耳炎，红色周围有广泛性不透明白色说明鼓室内有脓汁积留，半透明粉红色说明中耳内有浆液性渗出液或积血），则表明患中耳炎。

(6) X线检查，可发现鼓室内积液及鼓室泡骨硬变。

治疗方法

(1) 抗生素治疗，可用盐酸四环素（每千克体重20毫克，3次/日，口服）、硫酸新霉素或硫酸黏菌素（滴耳，3～4次/日）。

(2) 清洗患耳，去除异物。以生理盐水清洗耳垢，并以棉球吸干水分后再滴入滴耳油，或滴入抗生素。

(3) 鼓膜未破，肿胀、充血时应采用鼓室切开术。

(4) 慢性中耳炎、鼓膜破碎的病犬治愈率低，复发率高。

11. 耳血肿

耳血肿是耳廓皮下出血引起的肿胀，多发生于耳廓内侧面。

诊断要点

(1) 耳大下垂品种多发。

(2) 有外伤史，如外耳瘙痒，频频摇头，拍打耳朵，或在墙壁或其他物体上摩擦，导致耳廓皮下出血。

(3) 临床表现为耳廓一侧局部迅速肿胀，触之有波动感和弹性。数天后肿胀区周围呈硬感（彩图99），局部增温，穿刺可排出血液。

治疗方法

(1) 小的局限性血肿可自行吸收；也可用细针头穿刺抽出积血，使用加压耳绷带保护7～10天，以限制继续出血。

(2) 对于大的血肿，可在发病后1周左右进行手术治疗（彩图100）。

(3) 进行抗感染治疗。

附 录

一、犬正常生理常数

（一）一般指标

寿命（年）	10～15
性成熟（月）	6～24
性周期（天）	105～190
发情持续天数	4～14
妊娠期（天）	58～63
哺乳期（天）	45～60
体温（℃）	37.5～39
呼吸率（次/分）	10～30
脉搏率（次/分）	70～130

（二）血常规指标

红细胞（$\times 10^{12}$/升）		5.5～8.5
红细胞压积（%）	成年	37～55
(PCV)	幼年	25～34
红细胞平均体积（微米^3）		
(MCV)		60～77
红细胞平均血红蛋白量（$\times 10^{-12}$克）		
(MCH)		19.5～24.5
红细胞平均血红蛋白浓度（%）		
(MCHC)		32～36

血红蛋白（%）	12～18
红细胞沉降率（毫米/小时）	5～25
红细胞寿命（天）	100～120
红细胞直径（微米）	6.7～7.2
白细胞（$\times 10^3$/微升）	6～17
嗜中性杆状核（%）	0～3
（个/微升）	0～300
嗜中性分叶核（%）	60～70
（个/微升）	3000～11500
淋巴细胞（%）	12～30
（个/微升）	1000～4800
单核细胞（%）	3～10
（个/微升）	150～1350
嗜酸性粒细胞（%）	2～10
（个/微升）	10～1250
嗜碱性粒细胞（%）	0～0.75
（个/微升）	
血浆白蛋白（克/升）	60～73
血小板（$\times 10^5$/微升）	2～9
网状细胞（%）	0～1.5
血清总胆红素（毫克/分升）	0.07～0.61
直接胆红素（毫克/分升）	0.06～0.14
间接胆红素（毫克/分升）	0.07～0.61
磺溴酞钠（%）30分钟	5.0
胆固醇（毫克/分升）	125～250
血清肌酸（毫克/升）	0.5～1.2
血清葡萄糖（毫克/升）	60～100
血清铁（微克/分升）	94～122
血清总铁结合力（微克/分升）	280～340
血清尿素氮（毫克/分升）	10～20

血清尿酸（毫克/分升）	0～1.0
血清谷草转氨酶 AST（单位）	6.3～44.6
血清谷丙转氨酶 ALT（单位）	7.2～33.6
血清酸肌酸激酶 CPK（单位）	12～84
血清乳酸脱氢酶 LDH（单位）	8～89
血清碱性磷酸酶 AKP（单位/升）	12～84
血清淀粉酶 SAM（Harleco 单位）	＜800
总血清蛋白（克/分升）	5.4～7.8
纤维蛋白（克/分升）	300～600
白蛋白/球蛋白	0.7～1.1
血清白蛋白（克/分升）	2.3～3.4
血清球蛋白（克/分升）	3.0～4.7
α_1 球蛋白（克/分升）	0.3～0.8
α_2 球蛋白（克/分升）	0.5～1.3
β球蛋白（克/分升）	0.7～1.8
γ球蛋白（克/分升）	0.4～1.0
血清钠（毫克当量/升）	140～155
血清钾（毫克当量/升）	3.7～5.8
血清镁（毫克当量/升）	1.8～2.4
血清氯（毫克当量/升）	105～115
血清钙（毫克当量/升）	8.4～11.2
血清铅（微克/毫升）	0～35
血清酸碱度（pH）	7.31～7.42
二氧化碳分压	
动脉（千帕；毫米汞柱）	3.9～4.8；29～36
静脉（千帕；毫米汞柱）	3.9～5.6；29～42
硫酸盐（毫克当量/升）	2.0
碳酸盐（毫克当量/升）	17～24
氧分压 动脉（千帕；毫米汞柱）	11.3～12.7；85～95
静柱（千帕；毫米汞柱）	5.3～8.0；40～60

（三）尿常规指标

尿量（每日每千克体重）	17～45 毫升
颜色	淡黄色
浊度	清朗
pH	5～7
比重	1.015～1.045
尿素氮（每日每千克体重）	140～230 毫克
总氮（每日每千克体重）	250～800 毫克
肌酸酐（每日每千克体重）	30～80 毫升
胆红素	阴性至微量
尿囊素（每日每千克体重）	35～45 毫升
肌酸（每日每千克体重）	10～50 毫升
尿酸（每日每千克体重）	0.2～13.0 毫克
尿素（每日每千克体重）	800～4000 毫克
氨（每日每千克体重）	60 毫克

二、临床常用药物使用方法及剂量

表1 常用抗菌类药物使用方法及剂量

类别	药物	用法与用量
抗革兰阳性菌药物	青霉素钠（钾）［青霉素克钠（钾）］	肌内注射，1次量，每千克体重3万～4万单位，2～3次/日，连用2～3日
	普鲁卡因青霉素	肌内注射，1次量，每千克体重3万～4万单位，1次/日，连用2～3日
	注射用卞星青霉素	肌内注射，1次量，每千克体重4万～5万单位，必要时3～4日重复1次
	苯唑西林钠（苯唑青霉素钠）	肌内注射，1次量，每千克体重15～20毫克，2～3次/日，连用2～3日
	海他西林（缩酮氨苄青霉素）	内服，1次量，每千克体重10～20毫克，2次/日，连用3～5日
	羧苄西林	静脉注射或内服，1次量，每千克体重55～110毫克，3次/日
	头孢噻吩钠（先锋霉素Ⅰ）	肌内或静脉注射，1次量，每千克体重10～30毫克，3～4次/日
	头孢氨苄（先锋霉素Ⅳ）	内服，1次量，每千克体重10～20毫克，2～3次/日
	头孢羟氨苄	内服，1次量，每千克体重10～20毫克，1～2次/日，连用3～5日
	头孢维星	皮下或静脉注射，每千克体重8毫克。单次给药药效可以持续14天，可以重复给药（最多不超过3次）
	克拉维酸钾（棒酸钾）	肌内或皮下注射，每20千克体重1毫升，1次/日，连用3～5日

续表

类别	药　　物	用法与用量
抗革兰阴性菌药物	硫酸庆大霉素	肌内注射，1次量，每千克体重3～5毫克，2次/日，连用2～3日
	硫酸新霉素	内服，1次量，每千克体重10～20毫克，2次/日，连用3～5日
	硫酸阿米卡星（硫酸丁胺卡那霉素）	皮下或肌内注射，1次量，每千克体重5～10毫克，2～3次/日，连用2～3日
广谱抗生素	土霉素	内服，1次量，每千克体重15～50毫克，2～3次/日，连用3～5日
	盐酸多西环素（强力霉素）	内服，每千克体重5～10毫克，1次/日，连用3～5日
	红霉素	内服，1次量，每千克体重10～20毫克，2次/日，连用3～5日
	乳糖酸红霉素	静脉注射，1次量，每千克体重10～20毫克，2次/日，连用2～3日
其他抗生素	盐酸林可霉素（盐酸洁霉素）	内服，1次量，每千克体重15～25毫克，1～2次/日，连用3～5日；肌内注射，1次量，每千克体重10毫克，2次/日，连用3～5日
	盐酸克林霉素（盐酸氯洁霉素）	内服，1次量，每千克体重5～10毫克，2次/日，连用3～5日
磺胺类及其增效剂	磺胺嘧啶（SD）	内服，1次量，每千克体重首次量0.14～0.2克，维持量0.07～0.1克，2次/日，连用3～5日
	磺胺二甲嘧啶片（SM2）	内服，1次量，每千克体重首次量0.14～0.2克，维持量0.07～0.1克，2次/日，连用3～5日
	磺胺二甲嘧啶注射液	静脉注射，1次量，每千克体重50～100毫克，1～2次/日，连用2～3日

续表

类别	药　物	用法与用量
磺胺类及其增效剂	磺胺噻唑钠注射液	静脉注射，1次量，每千克体重50～100毫克，2次/日，连用2～3日
	磺胺甲噁唑（SMZ）	内服，1次量，每千克体重首次量50～100克，维持量25～50克，2次/日，连用3～5日
	磺胺对甲氧嘧啶（SMD）	内服，1次量，每千克体重首次量50～100克，维持量25～50克，1～2次，连用3～5日
	磺胺间甲氧嘧啶（SMM）	内服，1次量，每千克体重首次量50～100克，维持量25～50克，2次/日，连用3～5日
	磺胺多辛(周效磺胺)(SDM′)	内服，1次量，每千克体重首次量50～100克，维持量25～50克，1次/日
	磺胺噻唑（ST）	内服，1次量，每千克体重首次量0.14～0.2克，维持量0.07～0.1克，2～3次/日，连用3～5日
	酞磺噻唑（SST）	内服，1次量，每千克体重0.1～0.15克，2次/日，连用3～5日
喹诺酮类药物	萘啶酸	内服，1日量，每千克体重50毫克，分2～4次
	恩诺沙星	肌内注射，1次量，每千克体重2.5～5毫克，1～2次/日，连用2～3日
	盐酸环丙沙星	静脉或肌内注射，1次量，每千克体重2.5～5毫克，2次/日，连用2～3日
	乳酸环丙沙星	肌内注射，1次量，每千克体重2毫克，2次/日，连用2～3日
	马波沙星	内服，1次量，每千克体重2毫克，1次/日
	奥比沙星	内服，1次量，每千克体重2.5～7.5毫克，1次/日

续表

类别	药　　物	用法与用量
其他抗菌药	乌洛托品	静脉注射，1次量0.5～2毫克
抗真菌药	两性霉素B	静脉注射，1次量，每千克体重0.15～0.5毫克，隔日1次或3次/周，总剂量4～11毫克
	酮康唑	内服，1次量，每千克体重5～10毫克，1次/日，连用1～6月
	灰黄霉素	内服，1次量，每千克体重40～50毫克，1次/日，连用4～8周
	制霉菌素	内服，1次量，5万～15万单位，2次/日
	克霉唑	内服，1次量，12.5～25毫克，2次/日
	水杨酸	外用，配成1%醇溶液或软膏

表2　常用抗寄生虫类药物使用方法及用量

类别	药　　物	用法与用量
驱线虫类药物	噻苯达唑	在日粮中添加0.025%噻苯达唑，连用16周
	阿苯达唑	内服，1次量，每千克体重25～50毫克
	芬苯达唑	内服，1次量，每千克体重25～50毫克
	奥芬达唑	内服，1次量，每千克体重10毫克
	复方非班太尔	内服，1次量，6月龄以上每千克体重10毫克，6月龄以下每千克体重15毫克
	盐酸左旋咪唑	内服，皮下或肌内注射，1次量，每千克体重10毫克
	噻嘧啶	内服，1次量，每千克体重5～10毫克

续表

类别	药　物	用法与用量
驱线虫类药物	精制敌百虫	犬弓首蛔虫、犬钩口线虫和狐狸毛首线虫，每千克体重75毫克，连用3次（间隔3～5天）。此外，对蠕形螨、蜱、虱也有杀灭作用
	伊维菌素	皮下注射，每千克体重0.2毫克。柯利牧羊犬易引起中毒
	赛拉菌素	皮肤外用，1次量，每千克体重6毫克
	美贝霉素肟	内服，1次量，每千克体重0.5～1毫克，1次/月
	莫西菌素	片剂，内服，1次量，每千克体重3毫克，1次/月；缓释注射液，皮下注射，每千克体重0.17毫克
	枸橼酸哌嗪	内服，1次量，每千克体重0.1克
	磷酸哌嗪	内服，1次量，每千克体重0.07～0.1克
	枸橼酸乙胺嗪	内服，1次量，每千克体重50毫克
	硫胂胺钠	静脉注射，1次量，每千克体重2.2毫克，2次/日，连用2日
驱吸虫药物	硝硫氰酯	内服，1次量，每千克体重50毫克
驱绦虫药物	氢溴酸槟榔碱	内服，1次量，每千克体重2毫克
	盐酸丁萘脒	内服，1次量，每千克体重25～50毫克
	氯硝柳胺	内服，1次量，每千克体重80～100毫克
	硫双二氯酚	内服，1次量，每千克体重200毫克
	吡喹酮	内服，1次量，每千克体重2.5～5毫克
	伊喹酮	内服，1次量，每千克体重2.5毫克

续表

类别	药　　物	用法与用量
抗原虫药物	三氮脒（贝尼尔）	深部肌内注射，每千克体重3.5毫克，1次/日。临用前以注射用水或生理盐水稀释成10%注射液
	双脒苯脲（咪唑苯脲）	皮下或肌内注射，1次量，每千克体重6.6毫克。
	硫酸喹啉脲	皮下或肌内注射，1次量，每千克体重0.25毫克
	甲硝唑	内服，1次量，每千克体重25毫克
杀虫药	氰戊菊酯	药浴、喷淋，每升水80～200毫克
	双甲脒项圈	每只犬1条。驱蜱，使用4个月；驱毛囊虫，使用1个月
	非泼罗尼	喷剂，喷雾，每千克体重3～6毫升；滴剂，外用，滴于皮肤，犬体重10千克以下用0.67毫升，体重10～20千克用1.34毫升，体重20～40千克用2.68毫升，体重40千克以上用5.36毫升

表3　常用作用于神经系统的药物使用方法及用量

类别	药　　物	用法与用量
中枢兴奋药物	咖啡因	静脉、皮下或肌内注射，1次量0.1～0.3克
	尼可刹米（可拉明）	皮下、肌内或静脉注射，1次量0.125～0.5克
	硝酸士的宁	皮下注射，1次量0.5～0.8毫克
	戊四氮	静脉、肌内或皮下注射，1次量0.02～0.1克
	樟脑磺酸钠	静脉、肌内或皮下注射，1次量0.05～0.1克
	盐酸洛贝林	皮下注射，1次量1～10毫克

续表

类别	药　物	用法与用量
镇静药和抗惊厥药	盐酸氯丙嗪	肌内注射，1次量，每千克体重1～3毫克
	马来酸乙酰丙嗪	肌内或静脉注射，每千克体重0.05～0.1毫克
	水合氯醛	内服，1次量0.3～1克
	地西泮（安定）	内服，1次量5～10毫克
	氟哌啶	氟哌啶-芬太尼注射液，静脉注射，1次量，每千克体重0.037～0.08毫升；肌内注射，1次量，每千克体重0.11～0.15毫升
	氟哌啶醇	肌内注射，每千克体重1～2毫克；静脉注射，每千克体重1毫克，用25%葡萄糖溶液稀释后缓慢静脉注射
	溴化钠	内服，1次量0.5～2克
	溴化钾	内服，1次量0.5～2克
	阿普唑仑	口服，每千克体重0.01～0.1毫克
	盐酸咪达唑仑	静注或肌内注射，每千克体重0.2～0.4毫克
	氢吗啡酮	外科手术期间阵痛，每千克体重0.1～0.2毫克，肌内注射、静脉滴注或皮下给药；癌症止痛：每千克体重0.08～0.2毫克，肌内注射、静脉滴注或皮下给药；中度到重度止痛：每千克体重0.08～0.3毫克，肌肉注射、静脉滴注或皮下给药；止痛剂，每千克体重0.05～0.2毫克，静脉滴注或皮下给药；中度疼痛处置之前：每千克体重0.1毫克，对于青年健壮犬可与乙酰丙嗪合用
	赛拉嗪	肌内注射，1次量，每千克体重1～2毫克

续表

类别	药　物	用法与用量
镇静药和抗惊厥药	苯巴比妥	内服，1次量，每千克体重6～12毫克
	苯巴比妥钠	肌内注射，1次量，每千克体重6～12毫克
	苯妥英钠	内服，1次量0.05～0.1克
	三甲双酮	内服，1次量0.3～1克
	硫酸镁注射液	静脉或肌内注射，1次量1～2克
	二甲氯氮卓	用于辅助治疗癫痫发作，与苯巴比妥合用。口服：每千克体重1～2毫克，2次/日。或将1日总剂量分成3次口服，以减少不良反应并维持治疗浓度。用于辅助治疗恐惧症和恐怖症，口服，每千克体重0.2～1毫克，每隔12～24小时1次
	扑米酮	初始剂量，每日每千克体重10～30毫克，分2～3次给药；口服，每千克体重10毫克，1次/小时，但非首选方案

表4　常用解热镇痛抗炎药使用方法及剂量

药　物	用法与用量
阿司匹林	内服，1次量0.2～1克
安乃近	内服，1次量0.5～1克；肌内注射：1次量0.3～0.6克
对乙酰氨基酚	内服，1次量0.1～1克；肌内注射，1次量0.1～0.5克
氨基比林	内服，1次量0.13～0.4克
萘普生	内服，1次量，每千克体重2～5毫克
布洛芬	内服，1次量，每千克体重10毫克
氟尼辛葡甲胺	内服，1次量，每千克体重2毫克；肌内或静脉注射，1次量，每千克体重1～2毫克

续表

药　　物	用法与用量
吡罗昔康	转移性细胞瘤和鳞状细胞瘤的辅助治疗及其他肿瘤的保守治疗，口服，每千克体重 0.3 微克，1 次/日，混入食物中饲喂。对非甾体类抗炎药敏感的犬，可以同时口服米索前列腺素，剂量为每千克体重 3 微克，每 8 小时 1 次。若出现严重情绪反应或溃疡，应停止给药。用于抗炎、止痛，口服，每千克体重 0.3 毫克，隔天给药 1 次
德拉昔布	用于控制骨关节炎引起的疼痛和炎症，每千克体重 1～2 毫克，口服，1 次/日；用于治疗手术后疼痛，每千克体重3～4 毫克，口服，1 次/日，此剂量连续使用不能超过 7 日
卡洛芬	作为消炎、止痛药，每千克体重 4.4 毫克，口服，1 次/日或 2 次/日给药，剂量为半片。在术前 2 小时给药可减轻手术后疼痛。皮下注射剂量同口服
依托度酸	治疗骨关节炎疼痛和炎症，每千克体重 10～15 毫克，口服，1 次/日，长期治疗时剂量减小到最少有效剂量
酮咯酸氨丁三醇	镇痛，每千克体重 0.5 毫克，静脉注射，3 次/日，每千克体重 0.3 毫克，口服，2 次/日。反复给药应考虑引发胃肠或肾毒性的潜在可能。病犬应配合给予米索前列醇
替泊沙林	用于治疗关节炎的疼痛和炎症，口服，每千克体重首日量 20 毫克，以后每千克体重 10 毫克，1 次/日。治疗时间根据犬的临床反应和耐受性而定
托芬那酸	用于急性疼痛，皮下注射、肌内注射或口服，每千克体重 4 毫克，每日 1 次，连续用药 3～5 日；用于慢性疼痛，口服，每千克体重 4 毫克，1 次/日，连续用药 3～5 日

表 5　常用镇痛药使用方法及用量

药　　物	用法与用量
盐酸吗啡	皮下或肌内注射，1 次量，每千克体重 1～2 毫克；麻醉前给药，每千克体重 0.5～2 毫克
盐酸哌替啶（盐酸度冷丁）	皮下或肌内注射，1 次量，每千克体重 5～10 毫克

续表

药　　物	用法与用量
枸橼酸芬太尼	皮下、肌内或静脉注射，1次量，每千克体重0.02～0.04毫克
盐酸美沙酮	皮下或肌内注射，每千克体重0.05毫克
镇痛新	静脉、肌内或皮下注射，1次量，每千克体重0.5～1.0毫克
盐酸丁丙诺啡	用于止痛，每千克体重0.005～0.02毫克；皮下、肌内或静脉注射，每6～12小时1次
酒石酸布托啡诺	用于镇咳，每千克体重0.055～0.11毫克，皮下注射，每12小时1次，不超过7日；用于止痛，每千克体重0.1～1毫克，静脉、肌内或皮下注射，每1～3小时1次；麻醉前给药，每千克体重0.05毫克，静脉注射；氯胺铂治疗前止吐，每千克体重0.4毫克，肌内注射，在氯胺铂输注前30分钟使用
盐酸阿芬太尼	麻醉前给药，在注射异丙酚之前30秒静脉注射，每千克体重5微克盐酸阿芬太尼和0.3～0.6毫克阿托品，可减少异丙酚用量到每千克体重2毫克，但仍能出现呼吸抑制；麻醉镇痛补充剂，每千克体重2～5微克，静脉注射，每20分钟1次
磷酸可待因	止咳：每千克体重1～2毫克，口服，每6～12小时1次；止痛：轻微至中度急性疼痛，每千克体重0.5～2毫克，口服，每6～12小时1次；止泻：每千克体重0.25～0.5毫克，口服，每6～8小时1次
盐酸美托咪啶	静脉注射，每平方米体表面积750微克；肌内注射，每平方米体表面积1000微克；肌内注射，每千克体重10～40微克；与类阿片（肌内注射）共用，每千克体重5～10微克，静脉注射、肌内注射或皮下注射，每千克体重0.001～0.1毫克
盐酸喷他佐辛	镇痛，每千克体重1～6毫克，肌内注射或皮下注射，每1～3小时1次
可乐定	用于诊断生长激素过少症，每千克体重10毫克

表6 常用麻醉药及化学保定药使用方法及用量

药　　物	用法与用量
盐酸普鲁卡因	浸润麻醉、封闭疗法，0.25%～0.5%溶液；传导麻醉，2%～5%溶液，每个注射点，2～5毫升
盐酸利多卡因	表面麻醉，配成2%～5%溶液；浸润麻醉，配成0.25%～0.5%溶液；传导麻醉，配成2%溶液；硬膜外麻醉，配成2%溶液
盐酸丁卡因	表面麻醉，滴眼，0.5%溶液；喉头喷雾或气管插管，1%～2%溶液；泌尿道黏膜浸润，1%～3%溶液。硬膜外麻醉，0.2%～0.3%溶液，1次量，每千克体重不得超过2毫克。黏膜或眼结膜表面麻醉，配成0.05%～1%溶液
盐酸布比卡因	浸润麻醉，0.125%～0.25%溶液；传导麻醉、硬膜外麻醉，0.25%～0.5%溶液；蛛网膜下腔麻醉，0.5%～0.75%溶液
氟烷	多用半密闭式或密闭式麻醉方法给药。可先用基础麻醉，再用2%～5%（按吸入气体的体积计算）浓度的氟烷维持
甲氧氟烷	可采用开放式、半开放式、密闭式及半密闭式吸入麻醉，吸入量视手术需要而定。诱导麻醉3%浓度，维持麻醉0.5%浓度
氧化亚氮	采用半密闭式或密闭式吸入麻醉。通过麻醉机吸入氧化亚氮与氧气的混合气体，二者比例为50∶50或65∶35，其吸入量可根据手术需要调整
异氟烷、恩氟烷	诱导麻醉5%，维持麻醉1.5%～2.5%，吸入麻醉0.5%～2.5%
七氟烷	通常建议诱导麻醉剂量为2～2.5最小肺泡内浓度(MAC)，维持剂量为1～1.5最小肺泡内浓度（MAC）
硫喷妥钠	静脉注射，1次量，每千克体重20～25毫克。临用前用注射水或生理盐水配成2.5%溶液
戊巴比妥钠	静脉注射，1次量，每千克体重30～35毫克
异戊巴比妥钠	静脉注射，1次量，每千克体重2.5～10毫克。临用前用灭菌注射水配成3%～6%溶液

续表

药　　物	用法与用量
盐酸氯胺酮	肌内注射，1次量，每千克体重10～20毫克
依托咪酯	诱导麻醉剂，每千克体重1～2毫克，快速静注
美索比妥纳	与前驱药合用作为诱导麻醉药，每千克体重5毫克，以超过10秒的时间注射1/2～3/4的药量，如果30秒内还不能进行插管则注射剩余药物；不与前驱药合用，每千克体重11毫克，先迅速静注给予1/2剂量，后缓慢滴注直至起效
丙泊酚	单次静脉注射，没有麻醉前给药的健康犬，每千克体重6毫克；麻醉前使用安定药后的健康犬，静脉注射，每千克体重4毫克；使用镇静剂后，静脉注射，每千克体重3毫克；做氟烷或异氟烷麻醉的诱导剂，每千克体重6.6毫克，静脉注射。未进行麻醉前给药的犬给药需超过60秒
枸橼酸舒芬太尼	术前药，每千克体重3毫克，静脉注射；联合用药用于诱导，先静脉注射枸橼酸舒芬太尼，每千克体重3毫克，后静脉注射安定或咪达唑仑0.2～0.5毫克
氯化琥珀胆碱（司可林）	肌内注射，1次量，每千克体重0.06～0.11毫克
氯化筒箭毒碱	静脉注射，1次量，每千克体重0.4～0.5毫克
三碘季铵酚	静脉注射，1次量，每千克体重0.25～0.5毫克
赛拉嗪（隆朋）	静脉注射，1次量，每千克体重1～2毫克
盐酸羟吗啡酮(808)	小手术镇静，每千克体重0.05～0.1毫克，静脉注射，或每千克体重0.1～0.2毫克，肌内或皮下注射；止痛（剧痛），每千克体重0.1～0.2毫克，肌内注射、静脉注射或皮下注射，每1～3小时1次；止痛：硬膜外给药，每千克体重0.05毫克，准确称量稀释；健康犬的麻醉前给药，每千克体重0.1～0.2毫克，肌内或静脉注射；老年犬或病犬的诱导麻醉，每千克体重0.1～0.2毫克，肌内或静脉注射。根据效果可增加用量

续表

药　　物	用法与用量
盐酸替来他明	用于诊断，每千克体重 6.6～9.9 毫克，肌内注射。轻度至中度镇痛的小手术，每千克体重 9.9～13.2 毫克，肌内注射。联合用药，每千克体重 3～10 毫克，肌内或皮下注射；每千克体重 2～5 毫克，静脉注射

表 7　常用拟胆碱药和抗胆碱药使用方法及用量

药　　物	用法与用量
氨甲酰胆碱	皮下注射，1 次量，每千克体重 0.025～0.1 毫克
硝酸毛果芸香碱	皮下注射，1 次量 3～20 毫克
甲硫酸新斯的明	皮下或肌内注射，1 次量 0.25～1 毫克
氯化氨甲酰甲胆碱	皮下注射，1 次量，每千克体重 0.25～0.5 毫克
依酚氯铵	用于重症肌无力的可能性诊断，静脉注射，每千克体重 0.1 毫克
溴吡斯的明	用于重症肌无力，口服或胃管投喂，每千克体重 0.5～3 毫克，每 8～12 小时 1 次
硫酸阿托品	内服，1 次量，每千克体重 0.02～0.04 毫克；肌内、皮下或静脉注射，1 次量，每千克体重 0.02～0.05 毫克；解救有机磷酸酯类中毒，每千克体重 0.1～0.15 毫克
胺戊酰胺硫酸氢盐（胃安）	胃炎，肌内、皮下注射或口服，每 8～12 小时给药 1 次；用于缓解消化不良或吸收不良综合症的里急后重症状，皮下或肌内注射 0.1～0.4 毫克，2～3 次/日；止吐，皮下注射或肌内注射 0.1～0.4 毫克，2～3 次/日
格隆溴铵	麻醉前的辅助用药，肌内、皮下或静脉注射，每千克体重 0.011 毫克；慢性心律失常的辅助性治疗，静脉或肌内注射，每千克体重 0.011 毫克，每日 2～3 次；减少多涎（症），皮下注射，每千克体重 0.01 毫克

表 8　常用拟肾上腺素药使用方法及用量

药　　物	用法与用量
肾上腺素	皮下注射，1 次量 0.1～0.5 毫升；静脉注射，1 次量，0.1～0.3 毫升
盐酸异丙肾上腺素	静脉滴注，1 次量 1 毫克，用时加入 5%葡萄糖溶液 250 毫升中
盐酸麻黄碱	皮下注射，1 次量 10～30 毫升
酚妥拉明	用于犬休克，1 次量 5 毫克，以 5%葡萄糖注射液 100 毫升稀释，缓慢静脉注射
普萘洛尔	用于心率失常，缓慢静脉注射，每千克体重 0.02 毫克，口服，开始每千克体重 0.1～0.2 毫克，每 8 小时 1 次，最高到每千克体重 1.5 毫克；心衰竭的辅助治疗，口服，每千克体重 0.1～0.2 毫克，每 8 小时 1 次；用于噪声恐惧症，口服 5～40 毫克，每 8 小时 1 次

表 9　常用作用于消化系统的药物使用方法及用量

类别	药　　物	用法与用量
健胃药	龙胆	龙胆末：内服，1 次量 1～5 克。龙胆酊：1～3 毫升。复方龙胆酊（苦味酊）：1～4 毫升
	大黄	大黄末：致泻，3～10 克；用于健胃时酌减。大黄流浸膏：健胃，0.5～2 毫升；致泻，2～4 毫升。复方大黄酊：1～4 毫升
	马钱子（番土鳖）	马钱子流浸膏，内服，1 次量 0.01～0.06 毫升。马钱子酊：内服，0.1～0.6 毫升
	小茴香	内服，1 次量 1～3 克
	干姜	姜流浸膏：内服，1 次量 2～5 毫升；姜酊：内服，1 次量 2～5 毫升
	碳酸氢钠（小苏打）	内服，1 次量 0.5～2 克

续表

类别	药 物	用法与用量
助消化物	稀盐酸	内服，1次量0.1～0.5毫升，用时稀释20倍以上
	干酵母	内服，1次量8～12克
	胃蛋白酶	内服，1次量80～800单位
	胰酶	内服，1次量0.2～0.5克
胃肠运动促进药	甲硫酸新斯的明	肌内或皮下注射，1次量0.25～1毫克
	西沙必利	促消化，内服，每千克体重0.5毫克，3次/日，若出现腹痛和胃肠道反应应降低剂量；缓解由食道扩张引起的反胃，内服，每千克体重0.55毫克，1～3次/日；止吐，内服，每千克体重0.1～0.5毫克，每8小时1次；治疗食道炎，内服，每千克体重0.25毫克，每8～12小时1次，预防食道炎复发尤其有效；排尿障碍时刺激膀胱收缩，内服，每千克体重1.05毫克，每8小时1次
	甲氧氯普胺	止吐，皮下或肌内注射，每千克体重0.1～0.4毫克，每隔6小时1次，或连续静脉滴注，每千克体重1～2毫克；胃功能紊乱，饲前30分钟内服，每千克体重0.2～0.4毫克，3次/日
	多潘立酮	作为激动剂，内服，每千克体重0.05～0.1毫克，1～2次/日
制酵药与消沫药	芳香氨醑	内服，1次量0.6～4毫升

续表

类别	药　物	用法与用量
泻药与止泻药	干燥硫酸钠	内服，1次量5～10克
	硫酸镁	内服，1次量10～20克
	蓖麻油	内服，1次量10～30毫升
	酚酞	内服，1次量0.2～0.5克
	比沙可啶	内服，5毫克片剂1片，或5～20毫克，1次/日；1～2毫升灌肠剂
	液状石蜡	内服，1次量10～30毫升
	鞣酸蛋白	内服，1次量0.3～2克
	碱式硝酸铋	内服，1次量0.3～2克
	碱式碳酸铋	内服，1次量0.3～2克
	碱式水杨酸铋	每5千克体重1毫升，3次/日，治疗应不超过5天，用于急性腹泻
	复方樟脑酊	内服，1次量3～5毫升
	盐酸地芬诺酯	内服，1次量每千克体重0.1～0.2毫克
	颠茄酊	内服，1次量0.2～1毫升
	胺戊酰胺硫酸氢盐（胃安）	用于缓解消化不良或吸收不良综合症的里急后重症状，皮下或肌内注射，0.1～0.4毫克，2～3次/日；止吐，皮下或肌内注射，0.1～0.4毫克，2～3次/日
	药用炭	内服，1次量0.3～2克
	白陶土	内服，1次量1～5克
治疗胃肠道溃疡药物和止吐药	氢氧化镁	内服，1次量5～30毫升
	西咪替丁	治疗溃疡，内服，每千克体重5～10毫克，3～4次/日
	雷尼替丁	内服，1次量0.5毫克，2次/日

续表

类别	药 物	用法与用量
治疗胃肠道溃疡药物和止吐药	法莫替丁	内服，皮下、肌内或静脉注射，每千克体重0.5毫克，每12～24小时1次。治疗急性反射性食管炎，每千克体重0.55～1.1毫克，每12小时1次，连用2～3周。辅助治疗胃溃疡：静脉注射，每千克体重0.23毫克，每8小时1次，或每千克体重0.35毫克，每12小时1次，连用2～3周；内服，每千克体重1.88毫克，每8小时1次，或每千克体重2.8毫克，每12小时1次
	甲磺酸多拉司琼	镇吐，静注，每千克体重0.6毫克，1次/日；化疗犬恶心呕吐，内服、皮下或静脉注射，每千克体重0.5毫克，1次/日

表10 常用作用于呼吸系统的药物使用方法及用量

类别	药 物	用法与用量
祛痰镇咳药	氯化胺	内服，1次量0.2～1克
	碳酸铵	内服，1次量0.2～1克
	酒石酸锑钾	内服祛痰，1次量0.02～0.1克，2～3次/日
	碘化钾	内服，1次量0.2～1克
	盐酸溴己新	内服，1次量1.6～2.5毫克
	磷酸可待因	内服，1次量15～60毫克
平喘药物	氨茶碱	内服，1次量，每千克体重10～15毫克；肌内或静脉注射；1次量0.05～0.1克
	盐酸麻黄碱	内服，1次量0.01～0.03克；皮下注射，1次量0.01～0.03克

表 11　常用作用于循环系统的药物使用方法及用量

类别	药　物	用法与用量
强心药	洋地黄毒苷	全效量，静脉注射，0.1～1 毫克，维持量酌情减少
	地高辛	内服，洋地黄化量 0.02 毫克，每 12 小时 1 次，连用 3 次。维持量，每千克体重 0.01 毫克
止血药物和抗凝血药	亚硫酸氢钠甲萘醌	肌内注射 1 次量 10～30 毫克
	维生素 K_1	肌内或静脉注射，1 次量，每千克体重 0.5～2 毫克。注射液可用生理盐水、5%葡萄糖注射液或 5%葡萄糖生理盐水稀释后立即注射，未用完部分应弃之不用
	硫酸鱼精蛋白	用于注射肝素过量所致出血症状，静脉注射，用量应与所用肝素量相等（1 毫克硫酸鱼精蛋白可中和 100 单位肝素钠）
	明胶	贴于出血处，再用干纱布压迫
	肝素钠	肌内或静脉注射，每千克体重 150～250 单位
	枸橼酸钠	间接输血，每 100 毫升血液加 10 毫升
抗贫血药	硫酸亚铁	内服，1 次量 0.05～0.5 克。临用前配成0.2%～1%溶液
	右旋糖酐铁注射液	肌内注射，1 次量，幼犬 20～200 毫克（以铁计）
水、电解质及酸碱平衡调节药	氯化钠	静脉注射，1 次量 100～500 毫升
	葡萄糖	葡萄糖注射液，静脉注射，1 次量 5～25 克；葡萄糖氯化钠注射液，静脉注射，1 次量100～500 毫升
	碳酸氢钠	内服，1 次量 0.5～2 克；静脉注射，1 次量 0.5～1.5 克

表 12 常用作用于泌尿生殖系统的药物使用方法及用量

类别	药物	用法与用量
利尿药与脱水药	呋塞米	内服，1 次量，每千克体重 2.5～5 毫克；肌内或静脉注射：1 次量，每千克体重 1～5 毫克
	依他尼酸（利尿酸）	内服，1 次量，每千克体重 5 毫克
	布美他尼（丁苯氧酸）	内服，1 次量，每千克体重 0.1 毫克
	氢氯噻嗪	内服，1 次量，每千克体重 3～4 毫克
	螺内酯	内服，1 次量，每千克体重 2～4 毫克
作用于生殖系统药物	缩宫素	皮下或肌内注射，1 次量 2～10 单位
	垂体后叶	皮下或肌内注射，1 次量 2～10 单位
	马来酸麦角新碱	肌内或静脉注射，1 次量 0.1～0.5 毫克
	甲基睾酮	内服，1 次量 10 毫克
	苯甲酸雌二醇	肌内注射，1 次量 0.2～0.5 毫克
	黄体酮	注射液，预防流产，肌内注射，1 次量 2～5 毫克
	绒促性素	肌内注射，1 次量 25～300 单位，2～3 次/周
	血促性素	皮下或肌内注射，1 次量 25～200 单位。临用前，用灭菌生理盐水 2～5 毫升稀释

表 13 常用影响组织代谢药物使用方法及用量

类别	药物	用法与用量
肾上腺皮质激素类	醋酸可的松	肌内注射，1 次量 25～100 毫克
	醋酸泼尼松（强的松）	内服，1 次量，每千克体重 0.5～2 毫克
	醋酸泼尼松龙（强的松龙）	内服，1 日量 2～5 毫克（7～14 千克体重）、5～15 毫克（14 千克以上体重）
	地塞米松（氟美松）	内服，1 次量 0.5～2 毫克。肌内或静脉注射，1 日量 0.125～1 毫克

续表

类别	药　物	用法与用量
肾上腺皮质激素类	倍他米松	内服，1次量0.25～1毫克
	曲安西龙（去炎松）	曲安西龙片，内服，1次量，0.125～1毫克，2次/日，连服7日。醋酸曲安西龙混悬液，肌内或皮下注射，每千克体重0.1～0.2毫克；关节腔或滑膜腔内注射，1次量1～3毫克，必要时3～4天后再注射1次。曲安西龙软膏，涂擦患处
	醋酸氟轻松	软膏，外用，涂患处，3～4次/日，适量
	促肾上腺皮质激素（促皮质素）	肌内注射，1次量5～10单位，2～3次/日；静脉注射剂量减半。临用前用5%葡萄糖注射液溶解
维生素	维生素A	维生素AD油，内服，1次量5～10毫升。鱼肝油，内服，1次量5～10毫升
	维生素D	维生素AD油、鱼肝油参见维生素A。维生素D_2鱼胶性钙注射液，肌内或皮下注射，1次量0.5～1毫升
	维生素E	内服，1次量0.03～0.1克；维生素E注射液，皮下或肌内注射，1次量0.03～0.1克
	维生素K_1	肌内或静脉注射，1次量，每千克体重0.5～2毫克
	维生素B_1	内服，1次量10～50毫克；皮下或肌内注射，1次量10～25毫克
	维生素B_2	内服，1次量，10～20毫克；皮下、肌内注射，用量同内服
	维生素B_6	内服，1次量0.02～0.08克；皮下、肌内或静脉注射，用量同内服
	复方维生素B注射液	肌内注射，1次量0.5～1毫升
	维生素B_{12}	肌内注射，1次量，每千克体重0.1毫克
	维生素C	内服，1次量0.1～0.5克；肌内或静脉注射，1次量0.02～0.1克
	叶酸	内服，1次量2.5～5毫克

续表

类别	药　　物	用法与用量
钙、磷与微量元素	氯化钙	氯化钙注射液，静脉注射：1次量0.1～1克；氯化钙葡萄糖注射液，静脉注射，1次量5～10毫升
	葡萄糖酸钙	葡萄糖酸钙注射液，静脉注射，1次量0.5～2克
	碳酸钙	内服，1次量0.5～2克
	乳酸钙	内服，1次量0.2～0.5克
	磷酸氢钙	内服，1次量0.6克
	复方布他磷注射液	静脉、肌内或皮下注射，1次量1～2.5毫升

表14　常用抗过敏药使用方法及用量

药　　物	用法与用量
盐酸苯海拉明	内服，1次量0.03～0.06克，2～3次/日；肌内注射，1次量，每千克体重0.5～1毫克
盐酸异丙嗪	内服，1次量0.05～0.19克；肌内注射，1次量0.025～0.05克
马来酸氯苯那敏	内服，1次量2～4毫克
盐酸曲吡那敏	内服，1次量1～1.5毫克；静脉或肌内注射，1次量20毫克

表15　常用局部用药使用方法及用量

类别	药　　物	用法与用量
刺激药	樟脑	常配成樟脑制剂涂擦患处
	樟脑醑	外用，涂擦患处
	复方樟脑搽剂	外用，涂擦患处
	浓碘酊	外涂于局部患处

续表

类别	药　物	用法与用量
刺激药	浓氨溶液	外用，涂擦患处
	氨擦剂	局部皮肤涂擦
	鱼石脂	鱼石脂软膏患处涂敷
	桉油	局部涂擦或作蒸气吸入
保护药	淀粉	内服，1次量1～5克
	明胶	内服，1次量0.5～3克，用时配成10%水溶液
	阿拉伯胶	内服，1次量1～3克
	凡士林	常用作软膏、眼膏的基质
	羊毛脂	同凡士林
	甘油	灌肠，1次量2～10毫升；甘油软膏，局部涂敷患处
	软皂	灌肠，1次量，3%溶液100～200毫升
	白陶土	内服，1次量1～5克
	白陶土敷剂	热敷用于局部消炎
	滑石粉	撒布于局部患处
	药用炭	内服，1次量0.3～2克
	氧化锌	软膏外用涂敷于患处
	硫酸锌	滴眼，配成0.5%～1%溶液
	明矾	外用0.5%～4%溶液冲洗黏膜炎症局患部
	鞣酸	洗胃，配成0.5%～1%溶液；外用，配成5%～10%溶液
子宫腔用药	宫炎清溶液	黏膜消毒，稀释成1%～1.5%的溶液，注入子宫腔内冲洗；皮肤消毒，可用原液直接涂擦患处

续表

类别	药　　物	用法与用量
眼科用药	硫酸新霉素滴眼液	滴眼
	硫酸锌	滴眼，配制成0.5%～1%溶液
	硫酸氢化可的松滴眼液	滴眼
	醋酸泼尼松龙眼膏	眼部外用，2～3次/日
	四环素醋酸可的松眼膏	眼部外用，2～3次/日

表16　常用解毒药使用方法及用量

药　　物	用法与用量
硫代硫酸钠	静脉或肌内注射，1次量1～2克
碘解磷定	静脉注射，1次量，每千克体重15～30毫克
二巯丙醇	肌内注射，1次量，每千克体重2.5～5毫克
二巯丁二钠	静脉注射，1次量，每千克体重20毫克，临用前用灭菌生理盐水稀释成5%～10%溶液。慢性中毒时1次/日，5～7日为1个疗程；急性中毒时4次/日，连用3日
青霉胺	内服，1次量，每千克体重5～10毫克，4次/日，5～7日为1个疗程。每个疗程间歇2日，一般用1～3个疗程
去铁胺	肌内注射，试用时1次量，每千克体重起始量20毫克，维持量10毫克，每4小时1次，总日量，每千克体重不超过120毫克；静脉注射，剂量同肌内注射，注射速度应保持每1小时每千克体重15毫克
亚甲蓝	解救高铁血红蛋白血症，静脉注射，1次量，每千克体重1～2毫克；解救氰化物中毒，每千克体重5～10毫克
乙酰胺	静脉或肌内注射，1次量50～100毫克